Environmental

肆虐地球的灾难——
环境污染

吴波◎编著

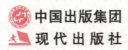

中国出版集团
现代出版社

图书在版编目（CIP）数据

肆虐地球的灾难——环境污染／吴波编著．—北京：现代出版社，2012.12（2024.12重印）
（环境保护生活伴我行）
ISBN 978 - 7 - 5143 - 0956 - 0

Ⅰ．①肆… Ⅱ．①吴… Ⅲ．①环境污染 - 青年读物
②环境污染 - 少年读物 Ⅳ．①X5 - 49

中国版本图书馆 CIP 数据核字（2012）第 275461 号

肆虐地球的灾难——环境污染

编　　著	吴　波
责任编辑	刘春荣
出版发行	现代出版社
地　　址	北京市朝阳区安外安华里 504 号
邮政编码	100011
电　　话	010 - 64267325　010 - 64245264（兼传真）
网　　址	www. xdcbs. com
电子信箱	xiandai@ cnpitc. com. cn
印　　刷	唐山富达印务有限公司
开　　本	710mm×1000mm　1/16
印　　张	12
版　　次	2013 年 1 月第 1 版　2024 年 12 月第 4 次印刷
书　　号	ISBN 978 - 7 - 5143 - 0956 - 0
定　　价	57.00 元

前　言

　　自然环境是人类赖以生存和活动的场所，是人类繁衍生息、社会发展前进的基础。然而，人类为满足生活和生产活动的需要，一方面向环境索取自然资源和能源，一方面又将生活和生产过程中产生的废物排放到环境中去。因此，环境既要向人类提供足够的生存空间、物质资源和能源，又要接收、容纳并消化人类活动产生的各种排放物。伴随着地球上人口数量的不断膨胀和人类活动能力的不断增强，当人类向环境索取的物质和能量超过了环境所能提供的能力、排放到环境中的废物超越了环境所能承载的范围时，环境质量就会下降，人类和其他生物的正常生存和发展就会受到损害。这时，环境污染不可避免地发生，并且越来越严重。

　　环境污染最早开始引起注意可追溯到产业革命时期。由于煤炭的大规模使用，引起粉尘和硫氧化物的大量排放，从而造成了空气污染。后来，伴随着工业的进一步发展与扩大，在社会生产力得到几十倍、成百倍增长的同时，排放到环境中的废气、废水和废渣也几十倍、成百倍地增长，使得水体、大气、土壤等受到的污染日趋严重。某些地区的大气经常烟雾弥漫，河流和湖泊的水质污浊，垃圾围城，农药、重金属、各种有毒化学品污染严重，导致了一系列震惊世界的公害事件发生，如洛杉矶光化学事件、日本水俣病、四日市哮喘等，使成千上万的人遭难。

环境污染造成的严重后果引起了人们对环境问题的重视，使人们在致力于经济发展的同时也开始对环境污染采取了各种控制和治理措施。但是随着科学技术水平的发展和人民生活水平的提高，环境污染也在增加，特别是在发展中国家。环境污染问题越来越成为世界各个国家的共同课题之一。如今，环保已成了世界性的口号，一场保卫地球的环保之战已经打响。

目 录

自然环境概述

地球只有一个 ………………………………………… 2

了解地球环境 ………………………………………… 4

地球的生态环境 ……………………………………… 11

自然生态系统 ………………………………………… 15

宝贵的森林资源 ……………………………………… 19

人类赖以生存的基础——土壤 …………………… 24

环境污染概述

环境污染的起因 ……………………………………… 28

环境污染的种类 ……………………………………… 32

环境污染物的特性 …………………………………… 39

困扰人类的十大环境问题 …………………………… 42

骇人听闻的八大公害 ………………………………… 47

全球十大环境污染事件 ……………………………… 50

人类自酿的苦果

物种灭绝 ……………………………………………… 58

大气污染 ……………………………………………… 63

酸　雨 ………………………………………………… 67

南极臭氧空洞 ………………………………………… 70

光化学烟雾 …………………………………………… 74

有毒有害物质污染 …………………………………… 77

放射性污染 …………………………………………… 79

土壤重金属污染 ……………………………………… 81

淡水污染 ……………………………………………… 86

农药残留 ……………………………………………… 91

海洋污染 ……………………………………………… 95

固体废弃物污染 ……………………………………… 100

白色污染 ……………………………………………… 103

噪声污染 ……………………………………………… 107

"黑色风暴" …………………………………………… 112

环境保护刻不容缓

大力开发太阳能 ……………………………………… 116

风力发电益处多 ……………………………………… 120

垃圾也能来发电 ……………………………………… 126

生态农药前途广 ……………………………………… 130

对付噪声有妙招 ……………………………………… 133

城市绿地不可少 ……………………………………… 137

垃圾处理无害化 ……………………………………… 141

任重道远的环保之路

中国的环境问题 ……………………………………… 146

《人类环境宣言》和世界环境日 …………………… 150

新的经济方式——"宇宙飞船经济" ……………… 153

环保的有力武器——环境保护法 ················· 156

生物的避难所——自然保护区 ················· 159

和谐共存之路——保护生物多样性 ················· 162

世界环保纪念日 ················· 166

树立环保意识 ················· 169

落实环保行动 ················· 173

SINUE DIQIU DE ZAINAN HUANJING WURAN

自然环境概述
ZIRAN HUANJING GAISHU

环境有自然环境与社会环境之分。自然环境是社会环境的基础，而社会环境又是自然环境的发展。自然环境是环绕人们周围的各种自然因素的总和，如大气、水、植物、动物、土壤、岩石矿物、太阳辐射等。这些是人类赖以生存的物质基础。通常把这些因素划分为大气圈、水圈、生物圈、土壤圈、岩石圈等5个自然圈。

人类是自然的产物，而人类的活动又影响着自然环境。自然环境按人类对它们的影响程度以及它们目前所保存的结构形态、能量平衡可分为原生环境和次生环境。前者受人类影响较少，那里的物质的交换、迁移和转化，能量、信息的传递和物种的演化，基本上仍按自然界的规律进行，如某些原始森林地区，人迹罕到的荒漠、冻原地区、大洋中心区等都是原生环境。随着人类活动范围的不断扩大，原生环境日趋缩小。

次生环境是指人类活动影响下，其中的物质的交换、迁移和转化，能量、信息的传递等都发生了重大变化的环境，如耕地、种植园、城市、工业区等。它们虽然在景观上和功能上发生了改变，但是它们的发展和演变的规律，仍然受自然规律的制约，因之仍属自然循环的范畴。人类改造原生环境，使之适应于人类的需要，促进了人类的经济文化的发展。

地球只有一个

如今，全世界的人口总数已超过70亿。人口过剩使得我们赖以生存的

地　球

唯一家园——地球环境越来越恶劣了。于是人们希望能在地球以外的宇宙空间找到适宜人类居住的其他星球，梦想着有朝一日到别的星球上去居住。现代科学技术的发展，为人类的这些梦想提供了物质基础。人类发射了宇宙飞船和探测器，去寻求地球之外的生命和适宜人类居住的其他星球。

人类曾经把移民的希望寄托在月球上，因为它是离地球最近的一颗星体，只有38万千米。但登上月球之后才发现，那里是一个没有任何生命的死寂世界，一切生物生存的基本条件，比如空气和水那里都没有。光那里忽冷忽热的气温就足以致一切生物于死地（热时可高达127℃，冷时能低于-183℃）。

人类又曾把希望寄托给火星，希望火星是一个适宜生命存在的星球，可多次探测的结果，依然令人失望。火星上最冷的时候是-132℃，最热的时候是28℃。没有水，只有微乎其微的空气，且大部分是二氧化碳和氩气。如同月球一样，没有生物存在的可能。

除月球和火星外的其他星球又如何

保护地球

呢？到目前为止，凡是人类的探测活动所涉及的星球一律给出了否定的回答。

和其他星球一比就会发现，地球所提供给人类的生存环境的确得天独厚。地球上冷热变化不大，大部分地区冷热温差不超过80℃，最热不过50℃左右，最冷－88℃左右。有水，有氧气，有多种动植物，有矿藏，有一切适宜人类生存的基本条件和可供人类使用的自然资源。可以说，地球是人类的摇篮，是人类的母亲，是人类的家园，是人类目前唯一的生存环境。

然而，人类社会的农业文明和工业文明的沉重代价就是对地球环境的破坏：绿色植物减少，稀有动植物灭绝，人口过剩，资源锐减，水土流失，旱涝灾害交替发生，天灾横行，生态失衡。为了使人类以及地球上的其他生物免受由人类不合理的活动而带来的灭顶之灾，我们发出呐喊：保护地球，保护生态环境势在必行！

知识点

宇　宙

在汉语中，"宇"和"宙"本来是两个单独的词语。"宇"的意思是上下四方，即所有的空间；"宙"的意思是古往今来，即所有的时间。所以"宇宙"就有"所有的时间和空间"的意思。西方早期对宇宙的理解则侧重于从混沌之中产生秩序。

从东西方对宇宙的理解中，我们不难看出中国古人强调的是宇宙空间和时间的整体性，而西方人强调的则是宇宙的秩序。实际上，空间与时间的整体性以及有序的秩序性都是宇宙的特点。随着天文学的产生和发展，人们对宇宙的认识逐步清晰起来。现在，人们一般认为：宇宙是由空间、时间、物质和能量，所构成的统一体。一般理解的宇宙指我们所存在的一个时空连续系统，包括其间的所有物质、能量和事件。

 延伸阅读

地球的年龄

关于地球年龄的问题，有几种不同的概念。地球的天文年龄是指地球开始形成到现在的时间，这个时间同地球起源的假说有密切关系。地球的地质年龄是指地球上地质作用开始之后到现在的时间。从原始地球形成经过早期演化到具有分层结构的地球，估计要经过几亿年，所以地球的地质年龄小于它的天文年龄。地球上已知最古老的岩石的年龄是41亿年，地球的地质年龄一定比这个数值大。地质年龄是地质学研究的课题；通常所说的地球年龄是指它的天文年龄。

地球年龄的下限：

地球的各大陆都存在着一些古老的稳定地块，如西格陵兰、西澳大利亚和南非等地区。这些地块上的岩石在地壳形成的初期就已经存在了，而且没有发生过后期的重熔改造。20世纪70年代已用 Rb－Sr、U－Pb 和 Sm－Nd 法精确地测定了这些岩石的年龄，其中最古老的岩石年龄可达37亿年。这一年龄可以代表地壳形成时间的下限。

地球年龄的上限：

利用关于元素起源的理论可以给出地球年龄的上限。元素形成以后才形成太阳星云，继而地球等行星又从太阳星云中分异凝聚形成。根据核子合成的理论，铀同位素 ^{238}U 和 ^{235}U 在元素形成时的比例大约为 1.64∶1。它们形成以后就以自己固有的速率进行衰变，而且 ^{235}U 要比 ^{238}U 衰变得更快。因此现在地球上铀的这两个同位素的丰度比是 1∶137.88。根据这两个比值，我们可以估算元素的年龄为66亿年。尽管不同的理论对铀同位素形成时丰度比的估算存在着差别，但这一年龄不会小于50亿年。

了解地球环境

我们已经知道，地球由6个不同状态和不同物质的同心圈构成。这些层

圈可分为外部层圈和内部层圈两类。地球表面以外的外部层圈有 3 个：环绕地球最外层的气体层圈为大气圈；地球表面的液体部分（包括海洋、湖泊、河流、地下水、冰川等）称水圈；地球表面有生命活动的层圈叫生物圈。通过近代地震探测得知，从地表往下直到地球中心的内部层也主要有 3 个。它犹如一个鸡蛋，最外薄层为地壳，由各种硅酸盐类岩石组成；其下为厚厚的

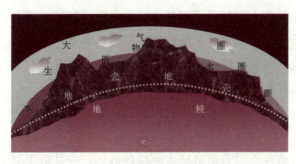

地球圈层

地幔，由镁铁质和金属硫化物和氧化物组成，其中上部有层岩石呈熔融状的软流圈；地球中心部分为地核，主要为镍铁质，又分为外核和内核，外核为液态，内核为固态。

我们人类就生活在地壳、大气和水的接触地带。地球各层圈的性质和活动紧密结合，形成复杂而有机的自然系统，直接影响着人类的生存环境。而人类活动也对它带来影响，使其发生变化，有时产生的反作用会危害人体健康，破坏自然资源和生态平衡，以致影响人类的生存。

大气圈

大气圈含有多种气体的混合物，其中绝大部分组分的比例在近地表几乎是不变的，也有些是不定组分。特别是由于人类社会的生产、生活活动的影响，常使有害的不定组分排放于大气中，如果它们超过一定浓度，便给人类造成危害。由工厂企业、家庭炉灶和汽车、飞机等各类交通工具排出的烟尘、硫氧化物、氮氧化物、二氧化碳、一氧化碳、碳氢化合物和铅化合物等。它们不仅被人类呼吸后会产生各种疾病，被植物、农作物吸收后形成有毒物质危害人类，而且在大气中富集后形成黑风暴、酸雨、尘雾、温室效应并破坏

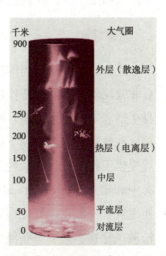

大气圈

臭氧层，致使世界气候条件变得恶劣。

水　圈

水以气态、液态和固态 3 种形式存在于大气、地表和地下。水在不断地以蒸发、凝结、降水、径流的方式转移交替，形成水的循环。人类社会的全部生活都与它有密切联系。海洋为人类提供了极其丰富的化学、矿产、动力和生物等资源，也是陆地风云变幻的源地、干湿冷暖变化的调节器。河流和湖泊为人类提供了灌溉、发电、渔业、城市供水和航运之便。存蓄在岩石裂隙和土壤空隙中的地下水，也是工农业生产、日常生活用水的重要来源。高纬度和高山地区的冰川不但是人类的固体水源，也控制着世界的气候和人们的生活方式。

引起人们注意的是人类活动在不同方面造成水环境的破坏，一是由于对水资源本身不合理的掠夺式开采所产生的对水环境和水资源的破坏（如过量引用地表水导致河湖干涸，过量汲取地下水导致地下水资源枯竭），二是由于人类在其活动领域的活动所产生的对水环境和水资源的破坏（如盲目围垦引起湖泊面积和体积缩小），三是工农业生产活动和生活活动引起的各类水体的水质污染。另外，大气污染产生气候变化，使陆上积冰量随气温变化，如某一段时间气温突然上升或下降，就会出现大冰川或冰冠融化入海引起海平面大幅度上升，那就会给人类造成灾难。

生物圈

生物的生存受到周围环境的强烈制约，但另一方面生物对它周围环境也有非常深刻有力的改造作用。生物长期生命活动所创立的新环境又对生物自身生活和发展产生影响。呼吸作用是生命的基础，光合作用是生物发展的前提，在呼吸和光合作用下进行氧和二氧化碳的物质循环，为生物的维持和发展提供了物质保证。大约 33 亿年前，地球上有了原始生物以来，植物不断在海中和陆上进行光合作用，释放游离氧，形成大气，使氨氧化成氮和水汽，使甲烷和一氧化碳氧化形成二氧化碳、水汽等；还使地表岩石矿物形成红色松散风化物，其中一些藻类和地衣分泌酸类腐蚀矿物吸收养分，死后残骸一部分被细菌分解形成氮素，另一部分转化为有机质，从而形成真正的土壤，为高等植物生长提供了良好场所。而高等植物的类似变化更改善了土壤肥力。另外，植被也强烈制约着小气候、小环境，如植被改变地面温度条件，改变气流速度及空气湿度，并减少水土流失。

在生物圈一定空间范围内，生物与其无机环境之间，各类生物之间存在着密切相互关系，共同构成统一体系，即生态系统。每个生态系统的生物种类、组成、数量、生物量和生产能力都受周围环境制约，而生物的存在和活动也对环境产生不同程度的改造作用。

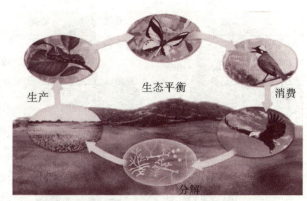

生物圈

如此反复作用的结果，生态系统中的生物和环境都具有一定的稳定性，使其能量、物质的输入与输出大体平衡，构成所谓生态平衡。人类不合理地开发利用自然资源，常常不自觉地破坏原有的生态平衡，甚至超出原生态系统及其生物能够忍受的限度，降低稳定性，引起复杂的连锁反应。如人类大规模不合理地捕杀动物，砍伐森林，开垦草原，使生物资源直接受到毁灭性破坏或因环境恶化失去适宜生存的有利条件而绝灭。

地 壳

地壳是地球为人类提供的赖以生息、赖以发展的矿产资源和能源的主要赋存地。由各种地球内动力引起的强烈构造活动，如地震、火山活动和海啸等，由地表外力引起的地表物质的运动如山崩、土流和泥石流等，大多发生在这里，给人类造成巨大灾害。而地壳中化学元素与生物和人体中化学元素也存在着密切联系。地球上不同地区的化学元素含量不同，引起各地动、植物群的不同反应，这种地球化学环境与人类健康和疾病的关系，也引起了人们的广泛重视。在地质历史的发展中，形成地壳表面元素分布具有不均一性。这种不均一性在一定程度上控制和影响着世界各地区人体、动物和植物的发育，造成了生物生态的地区差异。有时这种不均一性会超过正常变化的范围，于是就造成了人类、动物和植物的各种各样的地方病。如由于一些地方缺碘或碘过量，都会造成地方性甲状腺肿；含氟量高的地方使人慢性中毒，造成地方性氟病；环境缺钼、硒和亚硝酸盐，引起克山病以及大骨节病等。

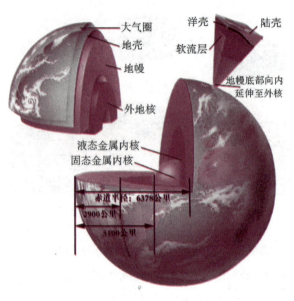

地 壳

另外，人类的生活和生产活动对地壳会产生影响和破坏，反过来又会给人类带来不利影响。大规模人工爆破、地下核试验、地下采空和大型水利工程超过岩层荷载而人工诱发地震，尤其是水库诱发地震，数十年来世界上已有几十例，给当地居民生命和财产造成很大损失。另一方面是过量汲取地下水引起地面沉降。近半个世纪以来，世界许多国家的工业城市发生了地面沉降现象，特别是沿海城市的地面沉降最为严重。我国上海自1921年发现沉降，至1965年最大处已达2.63米。地面沉降造成了建筑物和生产设施的破坏，阻碍了建设事业和资源开发，造成海水倒灌，使地下水和土壤盐渍化。人类是搅动土地的罪魁祸首。现在人类拥有巨大的机械力量和炸药，能够把大量土壤和基岩从一处移到另一处。这些过程可完全破坏原来的生态系统与植物栖息地，导致岩体耗损，形成了人为的泥石流、土流和山崩。

地幔和地核

据研究，地球约在47亿年前开始其演化历程，演化的初始温度接近1 000℃。以后由于放射性加热，内部温度开始上升，约在45亿~40亿年前，地球内部温度升高到铁镁的熔点。大量的铁下降到地核，以热的形式释放出重力能。这个热源极为巨大，足以产生广泛的熔融作用并改造地球的内部结构，产生地核、地幔和地壳的分层。它们之间物质相互交换和运移，在地幔中形成可塑性的软流圈。软流圈中以对流的形式进行热传导，致使其上的刚性岩石圈分成数个板块，犹如浮冰在慢慢漂移，产生了地球表面的大陆运移、海底扩张，山脉隆起、断裂、褶皱、岩浆侵入等构造作用，以及使人类遭受灾难的火山活动和地震等。

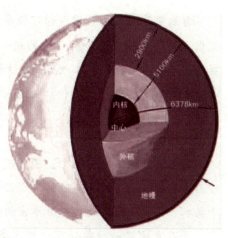

地幔和地核

地球是一个统一的整体，各层圈、各部分是相互联系和相互影响的，其中物质和能量相互转换，相互循环。因此，很多环境污染物或人类不合理的活动虽然产生于某局部地方，但随着各种自然过程，它们的影响可波及其他地方，甚至可能扩展至全球范围，潜伏下严重后果。还有一些因连锁反应、影响深远的全球环境，各层圈各种人为的环境破坏，都会损害全人类的生存环境，引起全球性的、危及后代的重大环境问题。因此，保护环境，节约资源，科学地控制人口增长，创建人类美好的生活环境，已成为地球上所有人的共同责任。

 知识点

光合作用

光合作用，是植物、藻类和某些细菌，在可见光的照射下，利用光合色素，将二氧化碳（或硫化氢）和水转化为有机物，并释放出氧气（或氢气）的生化过程。光合作用是一系列复杂的代谢反应的总和，是生物界赖以生存的基础，也是地球碳氧循环的重要媒介。

动物和人类生存所需要的一切物质、能量和氧气都来自光合作用。除此之外，研究光合作用，对农业生产、环保等领域起着基础指导的作用，如建造温室，加快空气流通，以使农作物增产等。

延伸阅读

造成严重后果的地质灾害

自然变异和人为的作用都可能导致地质环境或地质体发生变化，当这种变化达到一定程度时，所产生的诸如滑坡、泥石流、地面下降、地面塌陷、岩石膨胀、沙土液化、土地冻融、土壤盐渍化、土地沙漠化以及地震、火山、地热害等后果，会给人类和社会造成危害，这种现象被称为地质危害。地质危害也包括派生的灾害。

泥石流

泥石流是在山区沟谷中，因暴雨、冰雪融化等水源激发的、含有大量泥沙石块的特殊洪流。泥石流的形成必须同时具备以下3个条件：①陡峻的便于集水、集物的地形地貌；②丰富的松散物质；③短时间内有大量的水源。

泥石流按其物质成分可分为3类：①由大量黏性土和粒径不等的砂粒、石块组成的叫泥石流；②以黏性土为主，含少量黏粒、石块、黏度大，成稠泥状的叫泥流；③由水和大小不等的砂粒、石块组成的叫水石流。

泥石流的危害包括：对居民点的危害；对公路、铁路的危害；对水利、水电工程的危害；对矿山的危害。

滑 坡

滑坡上的岩石山体由于种种原因在重力作用下沿一定的软弱面（或软弱带）整体地向下滑动的现象叫滑坡。俗称"走山"、"跨山"、"土溜"等。

滑坡的条件：斜坡岩、土只有被各种构造面切割分离成连续状态时，才可能具备向下滑动的条件。

滑坡的活动强度：主要与滑坡的规模、滑坡速度、滑坡距离及其蓄积的位能和产生的动能有关。

滑坡的活动时间：主要与诱发滑坡的各种外界因素有关。如地震、降雨、冻融、海啸、风暴潮及人类活动等。

崩 塌

崩塌也叫崩落、垮塌或塌方，是陡坡上的岩体在重力作用下突然脱离母体崩落、滚动、堆积在坡脚（或沟岩）的地质现象。

按崩塌体物质的组成，崩塌可分为土崩和岩崩两大类。

崩塌的活动时间：崩塌一般发生在暴雨及较长时间连续降雨过程中或稍后一段时间；强烈地震过程中；开挖坡脚过程之中或稍后一段时间；水库蓄水初期及河流洪峰期；强烈的机械振动及大爆破之后。

崩塌的地域性：西南地区为我国崩塌分布的主要地区。

地面下沉

地面下沉是由于长期干旱，使地下水位降低，加之过量开采地下水等导致的地壳变形现象。

地　震

地震是一种破坏力极大的自然灾害。除了地震直接引起的山崩、地裂、房倒屋塌之外，还会引起火灾、水灾、爆炸、滑坡、泥石流、毒气蔓延、瘟疫等次生灾害。

地球的生态环境

生态环境是指由生物群落及非生物自然因素组成的各种生态系统所构成的整体，主要或完全由自然因素形成，并间接地、潜在地、长远地对人类的生存和发展产生影响。生态环境的破坏，最终会导致人类生活环境的恶化。

生态环境是一个自成体系的生态系统。如果要知道什么是生态系统，我们得从地球上的生物物种说起。

在地球生物圈中，有很多很多种生物。关于物种的数量还没有明确答案，众说不一。科学家们已经发现并命名的生物有 100 万种。有人说地球上有 500 万种生物，但又有报告，光亚马孙

森　林

河流域的原始森林中，就可能有 800 万种生物，由此，估计全球现存的物种大约有 1 000 万种。还有一些科学家认为全球有 3 700 万种生物。如果追算已经灭绝的物种，地球从其诞生之日至今共约出现过 5 亿～10 亿种生物。

草　原

　　这些生物都必须存在于一定的环境中，如一片森林，一块草原，一条河流。人们把某一种生物所有个体的总和叫作"种群"，把生活在某一特定区域内由种群组成的整体叫"群落"，群落与它相互作用的环境合起来就是生态系统。所以说，生态系统是指一定时间内存在于一定空间范围内的所有生物与其周围环境所构成的一个整体。

　　例如，一片森林就是一个生态系统。森林中有狼有虎，有鹿有兔，有松有柏，有花有草，还有各种微生物。狼有狼的种群，鹿有鹿的种群，也就是说各种动物都有各自的种群；松有松的种群，花有花的种群，即各种植物有各自的种群；各种微生物也有各自的种群。所有的动物种群、植物种群和微生物种群合起来构成群落，群落中的所有生物和环境合起来就构成森林生态系统。

　　不光森林，草原、沙漠、湖泊、海洋、农田、城市都是生态系统，整个地球生物圈也是一个大的生态系统。

　　任何生态系统都是由生物因素和非生物因素两部分组成。非生物部分包

括阳光、空气、水分、土壤
等各种物理的和化学的因
素；生物部分又可分为生产
者、消费者和分解者3类。

生产者是指绿色植物，
包括草、树、庄稼、藻类，
它们能够吸收空气中的二氧
化碳，汲取土壤中的水分和
矿物营养元素，借助太阳光
能来合成有机物，并提供给
其他生物。

河 流

消费者是指各种动物和人。它们自己不会借助太阳光合成有机物，只靠
吃生产者为生。

分解者是细菌和酶，它们把生态系统中消费者和生产者的尸体分解成水、
二氧化碳和营养元素，还给大气和土壤，再供生产者使用。

地球上的生态系统的分类很多，如可以简单地分为陆地生态系统和水域
生态系统。陆地生态系统又可分为森林生态系统、农田生态系统、荒漠生态
系统、草原生态系统以及冻原生态系统等等。水域生态系统又可分为海洋生
态系统和淡水生态系统。

要保护和改善生活环境，就必须保护和改善生态环境。我国环境保护法
把保护和改善生态环境作为其主要任务之一，正是基于生态环境与生活环境
的这一密切关系。

生态环境与自然环境是两个在含义上十分相近的概念，有时人们将其混
用，但严格说来，生态环境并不等同于自然环境。自然环境的外延比较广，
各种天然因素的总体都可以说是自然环境，但只有具有一定生态关系构成的
系统整体才能称为生态环境。仅有非生物因素组成的整体，虽然可以称为自
然环境，但并不能叫作生态环境。从这个意义上说，生态环境仅是自然环境
的一种，二者具有包含关系。

知识点

亚马孙河流域

亚马孙河是南美第一大河，也是世界上流域面积和流量最大的河流。亚马孙河发源于秘鲁南部安第斯山脉，一路向东，沿途接纳了1 000多条支流，全长6 400千米，最终注入大西洋。亚马孙河流域面积705万平方千米，约占南美大陆总面积的40%；每年注入大西洋的水量约6 600立方千米，相当于世界河流注入大洋总水量的1/6。

亚马孙河水系跨赤道南北，终年高温多雨，物种丰富，淡水鱼类多达2 000余种。还有海牛、淡水鳄、巨型水蛇等水生动物。流域内大部分地区覆盖着稠密的热带雨林，被誉为"地球之肺"。森林内植物种类繁多，地下的矿产资源也十分丰富。

延伸阅读

保护我们宝贵的环境资源

我们对于赖以生存的水、空气、土壤、森林、草原以及司空见惯的自然风光、动植物等，总认为它们是取之不尽，而又用之不竭的。其实它们也是值得我们珍惜和保护的宝贵资源。

其中，自然风光是独具特色的资源，集水、空气、森林、土地、动植物等环境资源于一身，不仅为旅游业的大力发展提供了物质基础，还给我们人类提供精神、心理上的享受，这也许就是人们工作累了愿意漫步于草林之中，流连于湖光山色之间，而许多名人隐士长久隐居山林的原因。"大漠孤烟直，长河落日圆"使人产生无限豪情壮志，而"小桥流水人家"又使人身心得到完全的放松。大自然不仅带给我们美好的精神享受，且给我们提供必需的生活和生产资料。

"飞流直下三千尺，疑是银河落九天"，"君不见黄河之水天上来……"

说的当然是水资源，可是你知道吗，虽然我们居住的地球70.8%的表面为水所覆盖，可是这个"蓝色"的水球却闹水荒，淡水资源严重匮乏。我国古都西安素有"八水绕长安"的美称，但是这些年，西安缺水情况日趋严重，我们开始意识到淡水也是一种资源，且是极宝贵的资源。同时空气也是极珍贵的资源，没有空气中的氧，地球上一切动植物都将无法生存，随着现代工业不断发展，空气可作为原料制氧、制氮、制氩等，但是你注意到了吗？天空经常飘着一层浓浓的"尘雾"，甚至难以让人看到蓝天白云。大气污染日趋严重，没有新鲜的空气、清新的环境，人类健康将会受到严重影响。

关心我们身外世界，合理开发利用资源，保护我们的环境，是包括广大青少年朋友在内的所有人义不容辞的责任和义务。

自然生态系统

自然生态系统是在长期的繁衍过程中形成的。在生态系统里，各种生物彼此之间以及生物与环境因素之间相互作用，关系密切，而使生物具有了多样性。因而生物的数量消失总是在上下波动，使自然界中的生物处于一种动态平衡状态。生物的这种内在联系，让各种生物之间，生物与环境之间维持着自然界的生态平衡。

我国是世界上生物多样性最丰富的国家之一，排世界第八位。丰富的动

生物多样性

植物为人类提供了衣、食、住、行所需要的一切原料。然而，由于人类不合理或过度开发却造成了生物生存环境的丧失和改变，引起了全球性生物多样性的减少。另一种原因是外来生物的入侵，它的危害远比栖息地的破坏和过度捕杀更为严重，加快了生物多样性的减少。

生物多样性是指某一区域内遗传基因的品系，物种和生态系统多样性的总和。它包括基因变化的多样性，生物物种的多样性和生态系统的多样性。遗传多样性是生物多样性的基础，生态系统是所有物种存在的基础。

生物多样性是地球上生命长期进化的结果，更是人类赖以生存的物质基础。由于当今世界人口的高速增长，人类经济活动的不断加剧，生物多样性面临着日益严重的威胁，如森林减少、土地退化、水土流失、沙漠化、物种消失等。这些主要是由于人口增加、生态破坏、环境污染、人类大规模的迁移。这些对生物多样性的破坏，造成了生物生存环境的丧失与改变，引起了全球生物多样性的减少，直接导致野生生物数量下降走向失衡的开始。当然除了人为破坏以外，还有另一个重要的原因，现在全世界都已认识到外来物种的入侵是导致当地物种灭绝的头号元凶。

动　物

由于人口的不断增加，为了多种一些粮食，不惜毁林开荒；有不少人贪婪地乱砍滥伐，不计后果；还有经营管理上的问题，如森林火灾等，使地球上的森林资源正以惊人的速度减少。大片大片的树木林地被剃光，土地裸露，肥土流失，气候恶劣，灾害频频，使土地退化，让更多的植物死亡，让更多的动物无栖息地，导致大量的动植物即将灭绝，如大熊猫、华南虎、藏羚羊、水杉、银杏、银杉等等，使生态平衡遭到了破坏。

为净化昆明滇池水质，科技人员引进了水葫芦。然而由于生活污水不断排入池内，使水体富营养化，造成水葫芦疯长，使得其他水生植物和水生动物失去生存空间和营养物质，导致其他水生植物和水生动物的种类和数量减少，从而使滇池内生物多样性减少，破坏了生态平衡。

十几年前，程海是一个美丽的湖，那儿有清澈的湖水，生长着各种各样的鱼虾，周围树木丛生，是一个人们向往的旅游地。可近几

植　物

年由于蓝藻厂污水的排放，垃圾的堆放，人们无限制的捕捞导致白条鱼、红翅鱼等稀有鱼类几乎灭绝，水质开始下降，人们心中美丽的程海湖开始隐退，

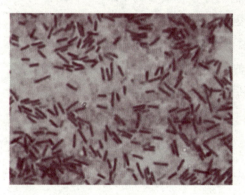

微生物

取而代之的是污染程度越来越严重的程海湖。不知何时，人们脑海中美丽的程海湖会被污浊的程海湖所代替，难道我们真要等到那一天吗？

以上例子都说明了一个共同的问题：生物多样性的减少，必将破坏生态平衡，导致人类生存环境的恶化，限制人类生存发展机会的选择，甚至严重威胁人类的生存与发展。我们应该对其采取相应的措施，来保护生物多样性与生态平衡。

保护生物多样性有就地保护和异地保护。防止物种灭绝的最好方法是在它们原来生活的栖息地加以保护，如建立自然保护区。对于一些灭绝危险的受到威胁的动植物送到动物园、植物园、水族馆、异地保护基地或繁殖中心进行饲养和繁殖。另外，社会还应加强管理制度，加强宣传力度，让人们知道破坏生物多样性与生态平衡的危害。

生物多样性与生态平衡是人类共同关心的问题，我们应该重视，将它视为我们义不容辞的责任。让我们的周围充满绿色，让我们的世界更美。我们

SINUE DIQIU DE ZAINAN HUANJING WURAN

还应该深入了解生物多样性的产生、维持和濒危机制，以及生物多样性结构与动态变化过程的相互关系来确保生态平衡。

 知识点

基因工程

基因工程又称基因拼接技术和 DNA 重组技术，是生物工程的一个重要分支。它将外源基因通过体外重组后导入受体细胞内，使这个基因能在受体细胞内复制、转录、翻译表达的操作。它是用人为的方法将所需要的某一供体生物的遗传物质——DNA 大分子提取出来，在离体条件下用适当的工具酶进行切割后，把它与作为载体的 DNA 分子连接起来，然后与载体一起导入某一更易生长、繁殖的受体细胞中，以让外源物质在其中"安家落户"，进行正常的复制和表达，从而获得新物种的一种崭新技术。它克服了远缘杂交的不亲和障碍。目前，已经有转基因大豆、玉米、棉花等植物和转基因牛、猪、鱼等动物出现。

 延伸阅读

《生物多样性公约》

《生物多样性公约》是一项保护地球生物资源的国际性公约，于 1992 年6 月 1 日由联合国环境规划署发起的政府间谈判委员会第七次会议在内罗毕通过，1992 年 6 月 5 日，由签约国在巴西里约热内卢举行的联合国环境与发展大会上签署。公约于 1993 年 12 月 29 日正式生效。常设秘书处设在加拿大的蒙特利尔。联合国《生物多样性公约》缔约国大会是全球履行该公约的最高决策机构，一切有关履行《生物多样性公约》的重大决定都要经过缔约国大会的通过。截至 2004 年 2 月，该公约的签字国有 188 个。中国于 1992 年 6月 11 日签署该公约，1992 年 11 月 7 日批准，1993 年 1 月 5 日交存加入书。

生物多样性公约是一项有法律约束力的公约，旨在保护濒临灭绝的植物和动物，最大限度地保护地球上的多种多样的生物资源，以造福于当代和子孙后代。

公约规定，发达国家将以赠送或转让的方式向发展中国家提供新的补充资金以补偿它们为保护生物资源而日益增加的费用，应以更实惠的方式向发展中国家转让技术，从而为保护世界上的生物资源提供便利；签约国应为本国境内的植物和野生动物编目造册，制订计划保护濒危的动植物；建立金融机构以帮助发展中国家实施清点和保护动植物的计划；使用另一个国家自然资源的国家要与那个国家分享研究成果、盈利和技术。

宝贵的森林资源

覆盖在大地上的郁郁葱葱的森林，是自然赐予人类的一笔巨大而又最可珍贵的绿色财富。人类的祖先最初就是生活在森林里的。他们靠采集野果、捕捉鸟兽为食，用树叶、兽皮做衣，在树枝上架巢做屋。森林是人类的老家，人类是从这里起源和发展起来的。

直到今天，森林仍然为我们提供着生产和生活所必需的各种资料。估计世界上有 3 亿人以森林为家，靠森林谋生。

森林提供包括果实、种子、坚果、根茎、块茎、菌类等各种食物，泰国的某些林业地区，60% 的粮食取自森林。森林灌木丛中的动物还给人们提供肉食和动物蛋白。

森　林

木材的用途很广，建造房屋，开矿山，修铁路，架桥梁，造纸，做家具……森林为数百万人提供了就业机会。其他的林产品也丰富多彩，松脂、栲胶、虫蜡、香料等等，都是轻工业的原料。

木 材

我国和印度使用药用植物已有 5 000 年的历史，今天世界上大多数的药材仍旧依靠植物和森林取得。在发达国家，1/4 药品中的活性配料来自药用植物。

中药——皂荚

薪柴是一些发展中国家的主要燃料。世界上约有 20 亿人靠木柴和木炭做饭，像非洲的布隆迪、亚洲的不丹等一些国家，90% 以上的能源靠森林提供。

从自然与生态环境方面而言，森林也是一个绿色宝库，它就像大自然的"调度师"，调节着自然界中空气和水的循环，影响着气候的变化，保护着土壤不受风雨的侵犯，减轻环境污染给人们带来的危害。

呼吸是人生命的第一需要。一个成年人一天要呼吸 2 万次。如果一个人几天不吃饭、不喝水，还可生存，但是几分钟不呼吸就可以停止生命。不但人离不开空气当中的氧气，就连各种动物、植物本身也离不开。仅仅依靠空气当中的氧气是不够的。那么，是谁制造了这么多的氧气呢？原来是植物，人们称植物是天然"氧气制造厂"。

地球上，只有植物能制造氧气。我们人类是吸进氧气，呼出二氧化碳。二氧化碳被绿色植物吃掉，绿色植物又吐出新鲜的氧气，供我们呼吸。植物就是这样和我们默契配合。例如，一棵椴树一天能吸收 16 千克二氧化碳，150 公顷杨、柳、槐等阔叶林一天可产生 100 吨氧气。城市居民如果平均每人占有 10 平方米树木或 25 平方米草地，他们呼出的二氧化碳就有了去处，所需要的氧气也有了来源。绿色植物是我们生命的源泉，因此要多种草种树，保护绿色植物，让它们为人类造福。

人们常说，森林是天然的蓄水库，是保持水土的卫士，这是十分有道理的。有了森林，地面就不怕风吹水冲，水土不易流失。防护林带能大大减弱风力；暴雨碰到森林也会被阻挡，雨水沿着树叶枝干慢慢地流到地上，被枯枝、落叶、草根、树皮所堵截，使水分容易渗到地下去，而不会很快流走。

从森林地区分布上看，森林多集中于江河的上游，具有重要的水源涵养作用。据统计，每平方千米的森林可贮存 5 ~ 10 吨水。下雨天，茂密森林的树冠能截留 15% ~ 40% 的降水量。五年生的刺槐林截留的雨量为降雨量的 27.5%；七年生油松林为 30.1%；十年生的柞树林为 36.1%。降雨强度越

防护林

小，被树冠截流的雨量也越多。其他的雨水经由树木流到林地上，除 5% ~ 10% 从林地表面蒸发外，有 50% ~ 80% 的雨水被林地上的植被和松软的枯枝落叶层及腐殖层吸收。

水土流失

林地上的枯枝落叶的吸水量一般可达自身重量的40％～260％。如油松为40％，刺槐为120％，柞树为180％。腐殖层吸水量相当于自身重量的2～4倍。由于这些截流作用，大大减少了落到地面的雨量，也就削弱了雨滴对地面的打击、侵蚀能力，大大地减低地表径流速度和土壤侵蚀，从而保持了水土，涵养了水源。

据非洲肯尼亚的记录，当年降雨量为500毫米时，农垦地的泥沙流失量是林区的100倍，放牧地的泥沙流失量是林区的3 000倍。我们不是要制止沙漠化和水土流失吗？最有力的帮手就是森林。

可见，森林涵养水源，保持水土的功能很大，真可谓是"天然蓄水库"。

森林还能防风固沙，制止水土流失。狂风吹来，它用树身树冠挡住去路，降低风速，树根又长又密，抓住土壤，不让大风吹走。

知识点

水循环

地球上的水圈是一个永不停息的动态系统。在太阳能的作用下，海洋表面的水蒸发到大气中形成水汽，水汽随大气环流运动，一部分进入陆地上空，在一定条件下形成雨雪等降水；大气降水到达地面后转化为地下水、土壤水和地表径流，地下径流和地表径流最终又回到海洋，由此形成淡水的动态循环。这部分水容易被人类社会所利用，具有经济价值，正是我们所说的水资源。

水循环调节了地球各圈层之间的能量，对冷暖气候变化起到了重要的作用，还通过侵蚀、搬运和堆积，塑造了丰富多彩的地表形象。更重要的是，通过水循环，海洋不断向陆地输送淡水，补充和更新陆地上的淡水资源，从而使水成为了可再生的资源。

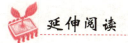

延伸阅读

三北防护林

三北防护林又称修造绿色万里长城活动。1979 年，国家决定在西北、华北北部、东北西部风沙危害、水土流失严重的地区，建设大型防护林工程，即带、片、网相结合的"绿色万里长城"。规划范围包括新疆、青海、宁夏、内蒙古、甘肃中北部、陕西、晋北坝上地区和东北三省的西部共 324 个县（旗），农村人口 4 400 万，总面积 39 亿亩。以求能锁住风沙，减轻自然灾害。

三北防护林体系工程是一项正在我国北方实施的宏伟生态建设工程，它是我国林业发展史上的一大壮举，开创了我国林业生态工程建设的先河。地跨东北西部、华北北部和西北大部分地区，包括我国北方 13 个省（自治区、直辖市）的 551 个县（旗、市、区），建设范围东起黑龙江省的宾县，西至新疆维吾尔自治区乌孜别里山口，东西长 4 480 千米，南北宽 560～1 460 千米，总面积 406.9 万平方千米，占国土面积的 42.4%，接近我国的半壁河山。按照工程建设总体规划，从 1978 年开始到 2050 年结束，分 3 个阶段，八期工程，建设期限 73 年，共需造林 5.34 亿亩。在保护现有森林植被的基础上，采取人工造林、封山封沙育林和飞机播种造林等措施，实行乔、灌、草结合，带、片、网结合，多树种、多林种结合，建设一个功能完备、结构合理、系统稳定的大型防护林体系，使三北地区的森林覆盖率由 5.05% 提高到 14.95%，沙漠化土地得到有效治理，水土流失得到基本控制，生态环境和人民群众的生产生活条件从根本上得到改善。

伴随我国的改革开放，三北防护林体系工程已走过 20 多年的历程，取得了举世瞩目的成就。超额完成了三北防护林体系一期（1978－1985 年）、二

SINUE DIQIU DE ZAINAN HUANJING WURAN

...

期（1986－1995年）、三期（1996－2000年）工程规划建设任务。到1998年底，累计造林3亿多亩。这些树木成林后，三北地区的森林覆盖率将从5.05%提高到9%以上。重点治理区的环境质量有了较大改善，生态、经济、社会效益明显，有力地促进了农村经济的发展和人民生活水平的提高。

人类赖以生存的基础——土壤

土壤是岩石圈表面的疏松表层，是陆生植物生活的基质和陆生动物生活的基底。土壤不仅为植物提供必需的营养和水分，而且也是土壤动物赖以生存的栖息场所。土壤的形成从开始就与生物的活动密不可分，所以土壤中总是含有多种多样的生物，如细菌、真菌、放线菌、藻类、原生动物、轮虫、线虫、蚯蚓、软体动物和各种节肢动物等，少数高等动物（如鼹鼠等）终生都生活在土壤中。

据统计，在一小勺土壤里就含有亿万个细菌，25克森林腐殖土中所包含的霉菌如果一个一个排列起来，其长度可达11千米。可见，土壤是生物和非生物环境的一个极为复杂的复合体，土壤的概念总是包括生活在土壤里的大量生物，生物的活动促进了土壤的形成，而众

土　壤

多类型的生物又生活在土壤之中。

土壤无论对植物来说，还是对土壤动物来说都是重要的生态因子。植物的根系与土壤有着极大的接触面，在植物和土壤之间进行着频繁的物质交换，彼此有着强烈影响，因此通过控制土壤因素就可影响植物的生长和产量。

对动物来说，土壤是比大气环境更为稳定的生活环境，其温度和湿度的变化幅度要小得多，因此土壤常常成为动物的极好隐蔽所，在土壤中可以躲避高温、干燥、大风和阳光直射。由于在土壤中运动要比大气中和水中困难得多，所以除了少数动物（如蚯蚓、鼹鼠、竹鼠和穿山甲）能在土壤中掘穴居住外，大多数土壤动物都只能利用枯枝落叶层中的孔隙和土壤颗粒间的空隙作为自己的生存空间。

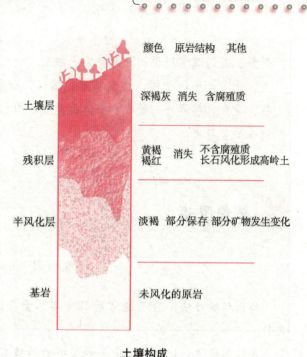

	颜色	原岩结构	其他
土壤层	深褐灰	消失	含腐殖质
残积层	黄褐 褐红	消失	不含腐殖质 长石风化形成高岭土
半风化层	淡褐	部分保存	部分矿物发生变化
基岩			未风化的原岩

土壤构成

土壤是所有陆地生态系统的基底或基础，土壤中的生物活动不仅影响着土壤本身，而且也影响着土壤上面的生物群落。生态系统中的很多重要过程都是在土壤中进行的，其中特别是分解和固氮过程。生物遗体只有通过分解过程才能转化为腐殖质和矿化为可被植物再利用的营养物质，而固氮过程则是土壤氮肥的主要来源。这两个过程都是整个生物圈物质循环所不可缺少的过程。而这一切最终都会影响到人类的生存与健康。

知识点

细 菌

　　广义的细菌即为原核生物，是指一大类细胞核无核膜包裹，只存在称作拟核区的裸露 DNA 的原始单细胞生物，包括真细菌和古生菌两大

类群。人们通常所说的即为狭义的细菌，狭义的细菌为原核微生物的一类，是一类形状细短，结构简单，多以二分裂方式进行繁殖的原核生物，是在自然界分布最广、个体数量最多的有机体，是大自然物质循环的主要参与者。

环境疗法

所谓环境疗法，除了通常的日光浴、空气浴、水浴之外，还包括以下几种。

森林浴疗法：树木散发出一种芳香的物质有杀菌作用。如柠檬、桉叶释放出的杀菌素可杀死肺炎球菌；桧柏、松树的杀菌素可杀死白喉、结核、伤寒、痢疾等病菌。森林是消毒站，是氧气制造厂，它能产生较多的负离子，不仅能使人的血沉减慢、精神振奋，对高血压、心脏病、神经衰弱等亦有显著效果。

洞穴疗法：这是针对患有呼吸器官疾病的人采用的一种新疗法。我国桂林地区和匈牙利塔波尔卡医院在岩洞内设立了一些病房，接受哮喘、肺气肿、肺癌等病人和其他呼吸道病人进行治疗。据临床病例分析，洞穴里空气新鲜、负离子多、污染小，对呼吸器官疾病有效率达80%以上。

花香疗法：医学家已发现有300多种杀菌素的植物和150多种香味能治疗疾病，芳香扑鼻的鲜花味也可以用来治病。如天竺花香味能使人神经安定镇静，促进睡眠，清除疲劳；米兰花香能使哮喘病人感到心情舒适；薰衣草花香可使高血压和心动过速病人减慢心率；丁香花对牙痛病人有镇痛安静作用。

沙丘疗法：我国新疆吐鲁番盆地设有沙丘医疗所，每年6-10月接待来自各地患有坐骨神经痛、腰酸腿痛、脉管炎、风湿性关节炎和消化系统障碍等病人。让患者躺在热气腾腾的沙丘上面熏蒸，使患者出汗，促进血液循环，特别对病毒引起的疾病，疗效颇佳。

温泉疗法：世界各地温泉浴疗，品种繁多。新西兰是世界上著名的温泉之国。有一种喷射泥潭，可将发烫的泥巴，涂满全身，待泥巴晾干后，一块块剥下来。这种泥巴浴，对治疗皮肤病、风湿病、丘疹、毛囊炎、顽癣等疗效特别显著。据疗养院统计，对脂溢性脱发患者，每周用泥巴涂两次秃顶，1个月内可长出新发，有效率达76.5%。

环境污染概述
HUANJING WURAN GAISHU

　　人类一直以为地球上的水、空气是无穷无尽的，所以不担心把千万吨废气送到天空去，又把数以亿吨计的垃圾倒进江河湖海。大家都认为世界这么大，这一点废物算什么？我们错了，其实地球虽大，但生物只能在海拔8千米到海底11千米的范围内生活，而占95%的生物都只能生存在直径约3千米的范围内。所以，人们没有理由弄污这有限的生活环境。

　　现在，人类开始为自己的行为埋单，各种各样的环境污染所造成的危害日益突出，直接威胁人类的生存和健康。一次次环境污染事件所带来的必然是人类受到大自然的报复，人类已经尝到自己亲手酿成的苦果，已经为环境污染付出了沉重的代价！

环境污染的起因

　　人类是地球生物中的消费贵族，对环境的贪婪索取和肆意破坏真是惊天地、泣鬼神。每增加一个人，地球环境就必须给他支付土地、空气、水、森林、能源和生物资源，而且这种支付必须是双份，一份用来维持这个人生命的存在，一份供这个人用作额外消费，比如破坏。

　　从远古到现在，人口的增长速度越来越快，人类对于环境的索取越来多，破坏环境的力度越来越大。地球环境的资源是有限的，它正在一天天地减少；而人口的增长是无限的。如今地球上的人口总数已超过70亿，且正在以每年2%的速度增长。也就是说，从今往后地球每年至少要增加1.4亿人。

在现代社会，人类的消费水平大大提高。发达国家如美国的人均消费又是发展中国家的几倍甚至十几倍，这种高消费势必要消耗更多的能源、水和食物，又要排出更多的废水、废气、废渣。我们知道，光生活垃圾就已是许多城市头疼的大问题了，可想而知人口剧增给环境带来的压力之大了。

人 口

人口剧增给土地资源带来了巨大压力。以我国为例，预计到21世纪30年代，我国人口将达到16亿～17亿，届时粮食总量至少需要比目前水平增加2 500亿千克。有专家担忧，这增加的一部分粮食从我国哪里的耕地中产出？这些人又将居住在哪里？据科学计算，地球上生产的食物最多可以养活80亿人，这个数字，再过几十年就能达到。这就要求土地支付足以使这些人生活的粮食和生存空间。如果人类不得不靠施用大量化肥和农药来提高粮食产量，垦荒为田，那么，这些都势

世界人口70亿

粮 食

必以破坏环境为代价。

　　人口剧增自然会增加对木材的要求，乱砍滥伐使森林面积一天天减少，土地荒漠化、水土流失等生态恶化问题更趋于严重。

饥 饿

　　人口剧增会带来新的能源危机。据勘察，地球上可供开采的石油有816亿吨，天然气495亿吨，煤10万亿吨。按目前的消费状况，石油和煤炭等不可再生资源将很快就被开采完毕。

　　人口剧增在一定程度上减少了水资源的总量，人类已经尝到水资源缺乏的滋味。由于人类农业、工业、生活用水量急剧增加、水资源污染严重、生态失衡导致雨量减少等原因，在全球人口刚过60亿之初，世界性的水资源已经告急，所以节约用水和开发新的淡水资源势在必行。

　　人口剧增对生物资源的需求量增大，由于人类吃的范围越来越广和生态环境的进一步恶化，致使生物物种大量灭绝。

总之，人类现在所面临的一切环境危机，无不与全球人口剧增有关。考虑到地球环境的承受能力，人类必须坚决彻底地有计划控制人口增长。

干 旱

自然资源分类

科学家将人类所利用的自然资源分为两类：一是不可再生资源，二是可再生资源。不可再生资源是指被人类开发利用一次后，在相当长的时间，如千百万年之内都不可自然形成或产生的物质资源。这类资源包括自然界的各种金属矿物、非金属矿物、岩石、石油、天然气等。

可再生资源是指被人类开发利用一次后，在一定时间，如一年内或数十年内就通过天然或人工活动可以循环地自然生成、生长、繁衍，有的还可不断增加储量的物质资源。这类资源包括地表水、土壤、植物、动物、水生生物、微生物、森林、草原、空气、阳光、气候资源和海洋资源等。

 延伸阅读

世界第70亿位成员

联合国人口基金曾经预测，2011年10月30日世界人口即将达到70亿。据悉，联合国人口统计方法是"黄金标准"，但专家质疑其推断准确性。联合国人口基金用"黄金标准"推算第80亿人口将出现在2025年，第100亿人口将出现在 2100 年前，并表示误差不超过 1%。但分析人士称这个误差在大基数作用下，可将第 70 亿人口的降生时间提前或滞后半年。

当日不少国家将在产房内等待"第 70 亿宝宝"，并准备举行活动纪念此日。然而联合国秘书长潘基文表示他不准备抱抱"第 70 亿宝宝"，因为"他（她）出生在一个矛盾的世界里"，一个"食物充足，却有 10 亿人每天饿肚皮"的世界。潘基文在不久前的演讲中说："这不是一个数字的故事，这是一个有关人类的故事，70 亿人，意味着需要更多食物，更多能源，更多就业和受教育的机遇，更多权利以及更多让他们繁衍和抚育后代的自由"。

丹妮卡·卡马乔在媒体聚光灯的环绕下，于 10 月 31 日零点前 2 分钟在菲律宾首都马尼拉一家医院降生。她将成为全球范围内几名被宣布成为象征性的世界第 70 亿人口的婴儿之一。

联合国高级官员前往菲律宾接见了这个小婴儿及其父母，并送给丹妮卡一个小蛋糕作为礼物。此外，卡马乔一家还收到了来自当地捐赠者的各种礼物，包括为丹妮卡准备的助学基金和帮助该家庭开办杂货店的费用。

菲律宾卫生部长欧纳表示，世界第 70 亿人口的降生为菲律宾带来审视人口问题的契机。据悉，菲律宾目前是世界上位居第 12 位的人口大国，拥有 9 490 万人口。中国和印度依然占据前两个席位。不过印度人口预计将在 2025 年超过中国。

环境污染的种类

环境污染按环境要素可分为：大气污染、土壤污染、水体污染；按人类活动可分为：工业环境污染、城市环境污染、农业环境污染；按造成环境污染的性质来源可分为：化学污染、生物污染、物理污染（噪声污染、放射性污染、电磁波污染）、固体废物污染、能源污染。当今世界范围内，以下 10 种环境污染问题比较较严重。

一、酸雨

空气中硫的氧化物和氮的氧化物随雨水降下就成为酸雨，其 pH 值小于

5.6，它主要是由二氧化硫、二氧化氮在大气中转化为 H_2SO_4、HNO_3 所致。酸雨主要是人类活动的酸性物质 SOx 造成的，它给陆地、水域、建筑物和植物等带来严重的危害。

酸雨腐蚀

二、光化学烟雾

氮氧化物（NOx）和碳氢化合物（通常指 C1 ~ C8 可挥发的所有烃类）在大气环境中受到强烈的太阳紫外线照射后，发生复杂的化学反应，主要是生成光化学氧化剂（主要是 O_3）及其他多种复杂的化合物。这是一次新的二次污染物，统称光化学烟雾。这些气体主要来源于汽车排放废气，其中 NO_2 是底层大气中最重要的光吸收分子，光化学烟雾的氧化性很强，能使橡胶开裂，并刺激眼睛和黏膜，使呼吸困难，并诱发其

光化学烟雾

他病症。

三、臭氧空洞

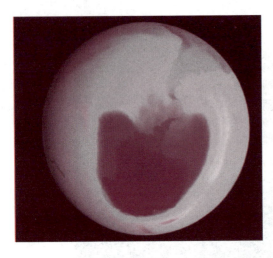

臭氧空洞

空气中含有极少量臭氧，主要分布在距地 15～35 千米的平流层上层，形成一层臭氧层。臭氧能吸收太阳光对地球生物有伤害作用的紫外线辐射，使生物免受伤害。由于人类向空气中排放一些有害气体，如氮氧化物、氯氟烃等，扩散到平流层后，受太阳辐射发生光化学反应，产生 Cl 原子，Cl 原子对臭氧层产生严重破坏作用，使某些地区的臭氧层变薄而形成臭氧空洞。据预测，未来人类若不采取措施保护大气臭氧层，由于地面紫外线辐射增强的危害，皮肤（癌）病和其他疾病发病率将急剧上升。

四、温室效应

由于石化燃料（石油、煤、天然气）的大量使用和森林的大量砍伐，使大气层中的 CO_2 含量增大，CO_2 层就像厚厚的玻璃那样对地球表面起着保护作用，妨碍了热量的散失，从而使地球表面的温度逐渐升高，即温室效应，使全球不断变暖，导致极地冰川大量融化，海平面上升，从而影响全球的生态系统平衡和水土资源。产生温室效应气体的主要因素有：①大量燃烧煤等

温室效应

含碳燃料；②机动车辆；③森林火灾和大面积毁坏森林；④汽车尾气。

五、固体垃圾

垃圾侵占土地，堵塞江湖，有碍卫生，影响景观，危害农作物生长及人体健康的现象，叫作垃圾污染。垃圾污染包括工业废渣污染和生活垃圾污染两类。工业废渣是指工业生产、加工过程中产生的废弃物，主要包括煤矸石、粉煤灰、钢渣、高炉

垃圾堆积成山

渣、赤泥、塑料和石油废渣等。生活垃圾主要是厨房垃圾、废塑料、废纸张、碎玻璃、金属制品等等。在城市，由于人口不断增长，生活垃圾正以每年10%的速度增加，构成一大公害。

六、海洋污染

石油污染

主要是指从油船与油井漏出来的原油，农田用的杀虫剂和化肥，工厂排出的污水，矿场流出的酸性溶液。它们使得大部分的海洋湖泊都受到污染，结果不但海洋生物受害，就是鸟类和人类也可能因吃了这些生物而中毒。

七、白色污染

指废弃塑料制品垃圾难于被生物降解，如一次性使用聚苯乙烯杯、盒等所带来的污染。此材料可破坏土壤结构，影响市容卫生，且焚烧时产生一级致癌物二噁英（Dioxins，它包括多氯二苯并二噁英和多氯二苯并呋喃）。目前一次性塑料制品逐步被"绿色制品"——聚乳酸代替，聚乳酸 60 天可自行降解为 CO_2 和 H_2O。

八、水体富营养化

大量使用氮肥、磷肥、含磷洗涤剂，生活用污水中常含有过量的氮、磷等营养物质。这些物质流入湖泊、海湾，使海水中富集氮、磷等植物营养物质，称为水体富营养化。会引起藻类及其他浮游生物迅速繁殖。这些生物集中在沙层表面进行光合作用释放氧气，使表层海水溶氧达饱和，从而阻止了大气中的氧溶入海水。而大

水体富营养化

量死亡的海藻在分解时却要消耗水的溶解氧，使水中溶解氧减少，致使鱼类死亡。死亡的藻类分解时会放出 CH_4、H_2S 等气体，使水体变得腥臭。这种情况在海洋中发生称"赤潮"，淡水中称"水华"。

九、噪声污染

噪声是发声体做不规则振动时发出的声音，声音由物体振动引起，以波的形式在一定的介质（如固体、液体、气体）中进行传播，通常所说的噪声污染是指人为造成的。从生理学观点来看，凡是干扰人们休息、学习和工作的声音，即不需要的声音，统称为噪声。当噪声对人及周围环境造成不良影

响时，就形成噪声污染。产业革命以来，各种机械设备的创造和使用，给人类带来了繁荣和进步，但同时也产生了越来越多而且越来越强的噪声。

十、放射性污染

在自然界和人工生产的元素中，有一些能自动发生衰变，并放射出肉眼看不见的射线。这些元素统称为放射性元素或放射性物质。在自然状态下，来自宇宙的射线和地球环境本身的放射性元素一般不会给生物带来危害。20世纪50年代以来，人的活动使得人工辐射和人工放射性物质大大增加，环境中的射线强度随之增强，危机生物的生存，从而产生了放射性污染。放射性污染很难消除，射线强度只能随时间的推移而减弱。

福岛核事故

另外，汽油铅污染、重金属盐的水体污染、热污染、镉汞（Cd – Hg）电池污染等也是造成环境污染的因素。

pH 值

pH 值实际上是水溶液中酸碱度的一种表示方法。平时我们经常习惯于用百分浓度来表示水溶液的酸碱度，如1%的硫酸溶液或1%的碱溶液，但是当水溶液的酸碱度很小很小时，如果再用百分浓度来表示则太麻烦了，这时可用 pH 值来表示。pH 值的应用范围在 0～14 之间，当 pH =7 时溶液呈中性；pH <7 时溶液呈酸性，pH 值愈小，溶液的酸性愈大；当 pH >7 时溶液呈碱性，pH 值愈大，溶液的碱性愈大。

延伸阅读

中国近年主要血铅事件汇总

2008 年 12 月，河南卢氏县一家冶炼厂排放的废气、废水，导致村里高铅血症 334 人，铅中毒 103 人。

2009 年 8 月，陕西凤翔县一家铅锌冶炼公司排放废水、废气，导致至少 615 名儿童铅超标。

2009 年 8 月，湖南武冈文坪镇一家精炼锰加工厂为血铅超标污染源，有 1 354 人血铅疑似超标，600 名儿童需要医治。

2009 年 12 月，广东清远市工业区内 44 名 3 个月至 16 岁的儿童被检查出血铅超标。

2010 年 1 月 3 日，位于江苏大丰经济开发区的河口村有 51 名 16 岁以下常住儿童被查出血铅含量超标，距离河口村村民住房最近处仅 50 米的电池生产企业大丰市盛翔电源有限公司是污染的源头。

2010 年 2 月，湖南嘉禾县 250 名儿童血铅超标。引发中毒事件的炼铅企业腾达公司，曾被县市两级环保局几度叫停，但他们仍继续生产。

2010 年 3 月，湖南郴州市疾控中心和市儿童医院一共查出 152 人血铅超标，45 人铅中毒，且中毒者均为 14 周岁以下儿童。

2010 年 3 月 13 日，四川隆昌县渔箭镇 94 名村民血铅检测结果异常，其中儿童 88 人。污染源为当地制铅企业隆昌忠义合金有限公司。

2010 年 6 月 13 日，湖北省咸宁市崇阳县 30 名成人和儿童被检查出血铅超标，事故主要原因是该县湖北吉通蓄电池有限公司涉铅作业工序缺少基本的防范措施，职工下班后，将受到污染的衣物带回家，致使工人家属血铅超标、中毒。

2011 年 1 月，安徽省安庆市怀宁县高河镇 100 多名儿童血铅超标，家长疑为当地电源厂污染所致。

2011 年 3 月，浙江省台州市椒江区峰江街道上陶村过半村民出现了血铅含量超标的情况。经确认，村中一家蓄电池制造企业违规排放含铅废水、废气，是造成这起事件的主因。

　　2011 年 5 月，浙江省湖州市德清县发生了 332 人血铅超标的污染事件。原因是浙江海久电池股份有限公司违法违规生产、职工卫生防护措施不当；当地县、镇政府未实现防护距离内居民搬迁承诺。

环境污染物的特性

　　工业污染源是城市污染的主要污染源之一，因此在讨论污染物性质时，常着重于工业污染物的性质。总括起来可将污染物的特性归纳为以下几点。

一、自然性

　　人类不能脱离自然界而单独存在，人类与环境之间是相互作用、相互影响的，因此不能静止地看待环境，也不能孤立地看待人。两者是对立的统一体。人类长期生活在自然环境中，对自然环境变化的适应能力很强。从一些化学元素在人体中的丰度同在地壳中的丰度很接近，以及人体内无机元素的比例同海水中无机元素的比例很接近这一点，说明了人体和自然环境的内在联系是十分密切的。氧、碳、氢、氮、硫、磷、氯、钾、钠、钙、镁、铁等 12 种元素，组成人体重量的 99%。此外，尚含有铜、锌、钴、镍、铬、锰、钼、氟、硒、碲、碘、砷、铍、铑等多种微量元素。它们在维持生命的过程中都起着十分重要的作用。污染的环境强制人体接受过量的或不需要的元素，导致代谢失调发生疾患，如肺部长期吸入镍、铬、铍等微粒尘可致癌；镉、汞、锰等会损伤神经系统的功能，发生心血管病变和破坏肾脏组织。近几十年来，由于大量人工合成的化学物质问世，如苯类、氯苯类、有机磷农药等，而人体对这些物质的耐受力很小，必须引起重视。

　　在我们认识环境污染物的自然性和非自然性后，能够科学地分析疾病产生的自然和人工属性，有助于估计危害程度和后果。在监测中对环境污染物的自然背景浓度的调查和分析是必不可少的，特别是矿藏丰富地区的河流和泉水，油母页岩矿区的空气等中的污染物往往有较高的背景值。

二、扩散性

　　根据各种污染物在环境中的状态不同、性质不同，扩散的速度和影响的范围也有较大的差异。扩散性强的污染物，有可能造成大范围以致全球性的污染。

现以某些大气污染物为例说明其扩散性。一般以分子或微粒（粒径小于10微米）存在的污染物，能随气流运动，扩散性强。如燃烧排放的二氧化硫和一氧化碳，工业排放的铍尘和铅尘等，它们或以分子状态，或以气溶胶状态高度分散在大气中，随波逐流，能够扩散到很远的地方，甚至在极地也可以寻到它们的痕迹。如北极冰层上空的"北极雾"主要是硫酸和硫酸铵等化合物组成的气溶胶，格陵兰积雪中的铅含量1965－1966年间比过去200年内增加了4倍。

与上述污染物相反，降尘（粒径大于10微米）因重力作用扩散能力较弱，影响范围较小。监测中发现降尘排出烟道后，自烟囱至百米距离浓度以几倍或十几倍的速度递减，很快就与背景浓度相近；汞蒸气浓度受环境温度影响很大，但随距离增加浓度衰减也很快。

了解污染物的扩散性，有助于在监测中合理地布置测点，防止盲目性，并可节省人力、物力。

三、毒性

污染物对人体的危害及其程度是由多方面因素决定的，其中污染物的毒性是重要因素之一。所谓毒性，是指它侵入机体后与体液或组织发生物理和化学作用，在达到一定程度时产生的功能障碍或病理改变，甚至造成死亡。在卫生学中，毒性大小用生物试验致死中量（LD50）表示，分为剧毒（LD50 < 1 毫克/千克）、高毒（LD50 > 1 毫克/千克）、中等毒（LD50 > 50 毫克/千克）、低毒（LD50 > 500 毫克/千克）、微毒（LD50 > 5000 毫克/千克）等 5 个级别。

环境污染物中的氰化物、砷及其他化合物、汞、铍、铊、有机磷、有机汞、有机氯、有机硫、有机腈等毒性都是很强的，它们进入机体后造成的危害往往是难以恢复的，因此对这类污染物要十分注意，特别是与其有关的生产行业的排放物要慎重处理。

四、活性和持久性

污染物的活性和持久性是指它们在环境中的稳定程度和持续时间。有的污染物活性很强，排出后不能在环境中久留，或被环境自净，或发生化学变化生成其他物质。如具有恶臭的硫化氢在有臭氧存在的环境中，能在几小时之内被氧化成二氧化硫而从大气中消失；有的污染物在环境中却几乎能无限期地保持其毒性，如半衰期长的放射性尘埃可随地球的转动长期存留在大气中，称为"死灰"。有的污染物虽然能最后分解成无毒物质，但在分解前能保持很长一段时间，如土壤中的有机氯农药减少到它原有量的 1/4 时，DDT 需要 10 年，氯丹需 5 年。有的污染物排出和发生危害的时间相隔很久，如河、湖底泥中的金属汞，在损伤人类身体的同时，可能要等 10～100 年后才会变成对生命更有威胁的甲基汞。

元 素

元素又称化学元素，指自然界中存在的 100 多种基本的金属和非金属物质，同种元素只由一种或一种以上有共同特点的原子组成，组成同种元素的几种原子中每种原子中的每个原子的原子核内具有同样数量的质子，质子数决定元素的种类。到目前为止，人们在自然中发现的物质有 3 000 多万种，但组成他们的元素至 2010 年时只有 118 种。

DDT

DDT 最先是在 1874 年被分离出来，但是直到 1939 年才由瑞士诺贝尔奖获得者化学家 Paul Muller 重新认识到其对昆虫是一种有效的神经性毒剂。DDT 在第二次世界大战中开始大量地以喷雾方式用于对抗黄热病、斑疹伤寒、丝虫病等虫媒传染病。例如在印度，DDT 使疟疾病例在 10 年内从 7 500 万例减少到 500 万例。同时，对谷物喷 DDT，也使其产量得到双倍增长。

DDT 在全球抗疟疾运动中起了很大的作用。用氯奎治疗传染源，以伯胺奎宁等药作预防，再加上喷洒 DDT 灭蚊，一度使全球疟疾的发病得到了有效的控制。到 1962 年，全球疟疾的发病已降到很低，为此，世界各国响应世界卫生组织的建议，都在当年的世界卫生日发行了世界联合抗疟疾邮票。这是最多国家以同一主题，同时发行的邮票。在该种邮票中，许多国家都采用 DDT 喷洒灭蚊的设计。也就是在 1962 年，美国海洋生物学家 Rachel Carson 在其发表著作《寂静的春天》中高度怀疑 DDT 进入食物链，最终会在动物体内富集，例如在游隼、秃头鹰和鱼鹰这些鸟类中富集。由于氯化烃会干扰鸟类钙的代谢，致使其生殖功能紊乱，使蛋壳变薄，结果使一些食肉和食鱼的鸟类接近灭绝。一些昆虫也会对 DDT 逐渐产生抗药性、以对抗人类由于人口无节制增长而对自然界无休止的掠夺。基于此，许多国家立令禁止使用 DDT 等有机氯杀虫剂。由于在全世界禁用 DDT 等有机氯杀虫剂，以及在 1962 年以后又放松了对疟疾的警惕，所以，疟疾很快就在第三世界国家中卷土重来。今天，在发展中国家，特别是在非洲国家，每年大约有一亿多的疟疾新发病例，大约有 100 多万人死于疟疾，而且其中大多数是儿童。疟疾目前还是发展中国家最主要的病因与死因，这除了与疟原虫对氯奎宁等治疗药物产生抗药性外，也与目前还没有找到一种经济有效、对环境危害又小、能代替 DDT 的杀虫剂有关。基于此，世界卫生组织于 2002 年宣布，重新启用 DDT 用于控制蚊子的繁殖，以及预防疟疾、登革热、黄热病等在世界范围的卷土重来。

困扰人类的十大环境问题

根据环境污染与人类健康的关系，科学家总结出了目前困扰人类的十大环境问题。这些问题时刻在侵袭着人类的健康。

（1）人口暴增与人体健康恶化：1804 年世界人口只有 10 亿，1927 年增长到 20 亿，1960 年达到 30 亿，1975 年达到 40 亿，1987 年上升到 50 亿，1999 年 10 月 12 日，世界人口达到 60 亿。截至 2005 年 6 月，世界人口已达 64.77 亿。2011 年全球第 70 亿名人口降生。在发达国家，由于饮食、吸烟和缺少身体锻炼，循环系统疾病占死亡人数的 1/4，癌症占 1/5。在发展中国家，多数疾病与饮食不洁和卫生条件有关，主要患传染病和营养不良。

儿童肥胖

（2）人类居住条件差：1800年，全世界只有5 000万人（占总人口5%）住在城市里；到了1985年，竟达20亿（占总人口42%）；2025年，全球城市人口将达60%。在发展中国家，人口多数住在农村地区，居住条件差；千百万人没有住房，或栖身贫民窟，或睡在马路上。

贫民窟

（3）土地盐碱化和土壤流失：全球土地盐碱化严重。土壤耗竭、土壤退化和土壤流失已成为全世界最严重的问题之一。

（4）森林大面积减少：自1950年以来，全世界森林面积减少了15%；至1985年，全球森林面积为41.47亿公顷。目前，热带森林继续遭到严重破

SINUE DIQIU DE ZAINAN HUANJING WURAN

坏，大片林地毁为农耕地。

乱砍滥伐

（5）沙漠化日趋扩大：日趋扩大的沙漠，威胁着全球1/3、约4 800万平方千米土地，并威胁着8.5亿人的生活。

土地荒漠化

（6）物种消失：世界各地的野生物继续受到威胁，许多物种濒于灭绝。每年非法出售野生动物产品的总价值达 10 亿美元。

渡渡鸟已经灭绝

（7）水污染加剧：目前，第三世界 49% 的人口有安全饮用水，12 亿人缺乏安全用水，14 亿人没有废水处理设施。

（8）海洋污染日益严重：每年有 200 亿吨污染物从河流入海。城市垃圾和污水、船舶废物、石油、工业污泥、放射性废物等大量涌入海洋。

（9）大气污染严重：全球每年排放到空气中的铅为 200 吨、砷 78 000 吨、汞 11 000 吨、镉 5 500 吨，超出自然背景值 20～300 倍。

大气污染

（10）有害废物污染与日俱增：全世界每年生产有害废物 33 亿吨。目前日常用品中有 70 000 种化学品，其中 35 000 种对人体健康不利。

有害废物污染

 知识点

循环系统

循环系统是生物体的细胞外液（包括血浆、淋巴和组织液）及其借以循环流动的管道组成的系统。从动物形成心脏以后循环系统分心脏和血管两大部分，叫作心血管系统。循环系统是生物体内的运输系统，它将消化道吸收的营养物质和由鳃或肺吸进的氧输送到各组织器官并将各组织器官的代谢产物通过同样的途径输入血液，经肺、肾排出。它还输送热量到身体各部以保持体温，输送激素到靶器官以调节其功能。

 延伸阅读

水 与 政 治

世界上约260个不同的河流系统，不时有因越过边界的冲突发生。赫尔辛基规则帮助解决国家之间的用水权，不过有些纷争激烈或关系到基本生存而触发战争，在很多情况下用水纷争只是增加局势紧张的其中一个原因。

底格里斯—幼发拉底河系是其中一个沿河国家冲突的例子，伊朗、伊拉克和叙利亚各自声称拥有河流使用权，但3个国家的总需求量超过河流的水量。1974年伊拉克派遣军队到叙利亚边境，并威胁要破坏叙利亚幼发拉底河上的 al – Thawra 水坝。

1992年，匈牙利和前捷克斯洛伐克因多瑙河河水调配和水坝建设问题而闹上国际法院，这是极少数能以理性和法学解决纠纷的例子。

其他例子，如韩国/朝鲜、以色列/巴勒斯坦、埃及/埃塞俄比亚，都证明谈判往往都是困难的解决方法。

骇人听闻的八大公害

20世纪的30年代到60年代，震惊世界的环境污染事件频繁发生，使众多人群非正常死亡、残废、患病的公害事件不断出现，其中最严重的有8起污染事件，人们称之为"八大公害"。

比利时马斯河谷烟雾事件

1930年12月1–5日，比利时的马斯河谷工业区，外排的工业有害废气（主要是二氧化硫）和粉尘对人体健康造成了综合影响，其中毒症状为咳嗽、流泪、恶心、呕吐，一周内有几千人发病，近60人死亡，市民中心脏病、肺病患者的死亡率增高，家畜的死亡率也大大增高。

比利时马斯河谷烟雾事件

美国洛杉矶烟雾事件

1943 年 5 - 10 月，美国洛杉矶市的大量汽车废气产生的光化学烟雾，造成大多数居民患眼睛红肿，喉炎、呼吸道疾患恶化等疾病，65 岁以上的老人死亡 400 多人。

美国多诺拉事件

1948 年 10 月 26 - 30 日，美国宾夕法尼亚州多诺拉镇大气中的二氧化硫以及其他氧化物与大气烟尘共同作用，生成硫酸烟雾，使大气严重污染，4 天内 42% 的居民患病，17 人死亡，其中毒症状为咳嗽、呕吐、腹泻、喉痛。

英国伦敦烟雾事件

1952 年 12 月 5 - 8 日，英国伦敦由于冬季燃煤引起的煤烟形成烟雾，导致 5 天时间内 4 000 多人死亡。

日本水俣病事件

日本水俣病事件

1953 - 1968 年，日本熊本县水俣湾，由于人们食用了海湾中含汞污水污染的鱼虾、贝类及其他水生动物，造成近万人中枢神经疾患，其中甲基汞中毒患者 283 人中有 66 人死亡。

日本四日市哮喘病事件

1955 - 1961 年，日本的四日市由于石油冶炼和工业燃油产生的废气严重污染大气，引起居民呼吸道疾患聚增，尤其是使哮喘病的发病率大大提高。

日本爱知县米糠油事件

1963 年 3 月，在日本爱知县一带，由于对生产米糠油业的管理不善，造成多氯联苯污染物混入米糠油内，人们食用了这种被污染的油之后，酿成有 13 000 多人中毒，数十万只鸡死亡的严重污染事件。

日本富山骨痛病事件

1955—1968 年，生活在日本富山平原地区的人们，因为饮用了含镉的河水和食用了含镉的大米，以及其他含镉的食物，引起"骨痛病"，就诊患者 258 人，因此病死亡者达 207 人。

 知识点

二氧化硫

二氧化硫是最常见的硫氧化物。无色气体，有强烈刺激性气味。大气主要污染物之一。火山爆发时会喷出该气体，在许多工业过程中也会产生二氧化硫。由于煤和石油通常都含有硫化合物，因此燃烧时会生成二氧化硫。当二氧化硫溶于水中，会形成亚硫酸（酸雨的主要成分）。若把二氧化硫进一步氧化，通常在催化剂如二氧化氮的存在下，便会生成硫酸。使用这些燃料作为能源，环境后果令人担心。

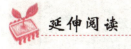 延伸阅读

光化学烟雾事件

1943 年，美国洛杉矶市发生了世界上最早的光化学烟雾事件。此后，在北美、日本、澳大利亚和欧洲部分地区也先后出现这种烟雾。经过反复的调查研究，直到 1958 年才发现，这一事件是由于洛杉矶市拥有的 250 万辆汽车

排气污染造成的，这些汽车每天消耗约 1 600 吨汽油，向大气排放 1 000 多吨碳氢化合物和 400 多吨氮氧化物。这些气体受阳光作用，酿成了危害人类的光化学烟雾事件。

1970 年，美国加利福尼亚州发生光化学烟雾事件，农作物损失达 2 500 多万美元。

1971 年，日本东京发生了较严重的光化学烟雾事件，使一些学生中毒昏倒。与此同时，日本的其他城市也有类似的事件发生。此后，日本一些大城市连续不断出现光化学烟雾。日本环保部门经对东京几个主要污染源排放的主要污染物进行调查后发现，汽车排放的 CO、NOx、HC 三种污染物约占总排放量的 80%。

1997 年夏季，拥有 80 万辆汽车的智利首都圣地亚哥也发生光化学烟雾事件。由于光化学烟雾的作用，迫使政府对该市实行紧急状态：学校停课、工厂停工、影院歇业，孩子、孕妇和老人被劝告不要外出，使智利首都圣地亚哥处于"半瘫痪状态"。在北美、英国、澳大利亚和欧洲地区也先后出现这种烟雾。

全球十大环境污染事件

北美死湖事件

美国东北部和加拿大东南部是西半球工业最发达的地区，每年向大气中排放二氧化硫 2 500 多万吨。其中约有 380 万吨由美国飘到加拿大，100 多万吨由加拿大飘到美国。20 世纪 70 年代开始，这些地区出现了大面

北美死湖事件

积酸雨区。美国受酸雨影响的水域达 3.6 万平方千米，23 个州的 17 059 个湖

泊有 9 400 个酸化变质。最强的酸性雨降在弗吉尼亚州，酸度值（pH）1.4。纽约州阿迪龙达克山区，1930 年只有 4% 的湖无鱼，1975 年近 50% 的湖泊无鱼，其中 200 个是死湖，听不见蛙声，死一般寂静。加拿大受酸雨影响的水域 5.2 万平方千米，5 000 多个湖泊明显酸化。多伦多 1979 年平均降水酸度值（pH）3.5，比番茄汁还要酸，安大略省萨德伯里周围 1 500 多个湖泊池塘漂浮死鱼，湖滨树木枯萎。

卡迪兹号油轮事件

20 世纪 70 年代，由于城市化进程的快速推进，由此导致的诸多海洋环境污染也日益引起人们的广泛关注。其中"阿摩科·卡迪兹号"油轮事件就是美国历史上最严重的环境灾难之一。1978 年 3 月，在暴风雨天气中，美国一艘满载 22 万吨伊朗原油的超级油轮"阿摩科·卡迪兹号"从波斯湾向荷兰的鹿特丹驶去。谁也没有料到的是，一场影响深远的海洋环境污染事件即将发生。3 月 24 日，当"卡迪兹号"行驶到布列塔尼（法国西北部一个地区）海岸时，油轮的的操纵装置在波涛汹涌的海面上忽然失灵。万般无奈之下，"阿摩科·卡迪兹号"只好由一艘前来救援的拖轮拖着前进。然而，拖轮拉着"卡迪兹号"这艘满载原油的庞然大物行驶还不到 10 海里，由于承受不了如此重力，拖缆忽然断裂，随后"阿摩科·卡迪兹号"随波逐流向岩

卡迪兹号油轮事件

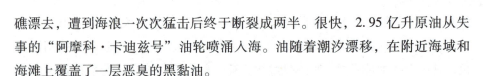

礁漂去，遭到海浪一次次猛击后终于断裂成两半。很快，2.95 亿升原油从失事的"阿摩科·卡迪兹号"油轮喷涌入海。油随着潮汐漂移，在附近海域和海滩上覆盖了一层恶臭的黑黏油。

据统计，"阿摩科·卡迪兹号"触礁沉没后，共漏出原油达 22.4 万吨，污染了近 350 千米长的海岸带，仅牡蛎就死掉 9 000 多吨，海鸟死亡 2 万多只。这次漏油事件，对所污染海岸的整个海洋生物以及海鸟来说，其灾难程度是史无前例的，成百万的海洋动物和软体动物被冲到岸上，包括海边的疗养胜地也随之遭殃。虽然海事本身损失 1 亿多美元，但对污染损失及治理的费用却达 5 亿多美元，而其对被污染区域的海洋生态环境造成的损失更是难以估量。事发好几个月后，英吉利海峡的油污才被清除干净。当时，有关方面曾进行各种清除油污的尝试，方法之一就是派船将化学品喷向水面使油分散。在对事故的后续调查中，卡迪兹号油轮的船长帕斯卡尔·巴达利也受到严厉批评，由于他"不可原谅的延误"，导致失事船只没有得到及时救援。

库巴唐"死亡谷"事件

在巴西热带郁郁葱葱的群山峻岭的掩映中，坐落着一个令巴西人闻之色变的城市——库巴唐。20 年前，数十个在这个城市里出生的婴儿竟然没有脑子，库巴唐在一夜之间得到了一个充满恐惧的外号——"死亡之谷"。

在库巴唐市内的烟囱，不间断地释放着色彩斑斓的工业废气，市里也弥漫着一股腐臭的气味，不过熟悉库巴唐的人都知道，这 20 年来，当地政府已经付出了巨大的努力，摘掉了"地球上污染最严重的城市"的帽子。

但是对于环保组织和科学家们来说，库巴唐仍然是一个危险的地区，这里被严重污染的空气、土壤以及水资源都在悄无声息地慢慢吞噬生命。科研人员发现，库巴唐市的居民患各种癌症的几率高得惊人：在库巴唐及毗邻的桑托斯市等地区，膀胱癌患者的比率比其他城市要高 6 倍，神经系统（包括脑部）的癌症患病率是其他城市的 4 倍，另外，肺癌、咽喉癌、口腔癌和胰腺癌的患病率也是其他城市的 2 倍。

西德森林枯死病事件

原西德共有森林740万公顷，到1983年为止有34%染上枯死病，每年枯死的蓄积量占同年森林生长量的21%多，先后有80多万公顷森林被毁。这种枯死病来自酸雨之害。在巴伐利亚国家公园，由于酸雨的影响，几乎每棵树都得了病，景色全非。黑森州海拔500米以上的枞树相继枯死，全州57%的松树病入膏肓。巴登－符腾堡州的"黑森林"，是因枞、松绿得发黑而得名，是欧洲著名的度假胜地，也有一半树染上枯死病，树叶黄褐脱落，其中3万公顷完全死亡。汉堡也有3/4的树木面临死亡。当时鲁尔工业区的森林里，到处可见秃树、死鸟、死蜂，该区儿童每年有数万人感染特殊的喉炎症。

印度博帕尔公害事件

1984年12月3日凌晨，震惊世界的印度博帕尔公害事件发生。午夜，坐落在博帕尔市郊的"联合碳化杀虫剂厂"一座存贮45吨异氰酸甲酯贮槽的保安阀出现毒气泄漏事故。1小时后有毒烟雾袭向这个城市，形成了一个方圆25英里的毒雾笼罩区。首先是近邻的两个小镇上，有数百人在睡梦中死亡。随后，火车站里的一些乞丐死亡。毒雾扩散时，居民们有的以为是"瘟

印度博帕尔公害事件

疫降临"，有的以为是"原子弹爆炸"，有的以为是"地震发生"，有的以为是"世界末日的来临"。一周后，有 2 500 人死于这场污染事故，另有 1 000 多人危在旦夕，3 000 多人病入膏肓。在这一污染事故中，有 15 万人因受污染危害而进入医院就诊，事故发生 4 天后，受害的病人还以每分钟一人的速度增加。这次事故还使 20 多万人双目失明。

博帕尔的这次公害事件是有史以来最严重的因事故性污染而造成的惨案。

切尔诺贝利核泄漏事件

1986 年 4 月 27 日早晨，苏联乌克兰切尔诺贝利核电站一组反应堆突然

发生核泄漏事故，引起一系列严重后果。带有放射性物质的云团随风飘到丹麦、挪威、瑞典和芬兰等国，瑞典东部沿海地区的辐射剂量超过正常情况时的 100 倍。核事故使乌克兰地区 10% 的小麦受到影响，此外由于水源污染，使前苏联和欧洲国家的畜牧业大受其害。当时预测，这场核灾难，还可能导致日后 10 年中 10 万居民患肺癌和骨癌而死亡。

切尔诺贝利核漏事件

莱茵河污染事件

1986 年 11 月 1 日深夜，瑞士巴富尔市桑多斯化学公司仓库起火，装有 1 250 吨剧毒农药的钢罐爆炸，硫、磷、汞等毒物随着百余吨灭火剂进入下水道，排入莱茵河。警报传向下游瑞士、德国、法国、荷兰四国 835 千米沿岸城市。剧毒物质构成 70 千米长的微红色飘带，以每小时 4 千米速度向下游流去，流经地区鱼类死亡，沿河自来水厂全部关闭，改用汽车向居民送水，接近海口的荷兰，全

国与莱茵河相通的河闸全部关闭。翌日，化工厂有毒物质继续流入莱茵河，后来用塑料塞堵下水道。8 天后，塞子在水的压力下脱落，几十吨含有汞的物质流入莱茵河，造成又一次污染。11 月 21 日，德国巴登市的苯胺和苏打化学公司冷却系统故障，又使 2 吨农药流入莱茵河，使河水含毒量超标准 200 倍。这次污染使莱茵河的生态受到了严重破坏。

雅典"紧急状态事件"

1989 年 11 月 2 日上午 9 时，希腊首都雅典市中心大气质量监测站显示，空气中二氧化碳浓度 318 毫克/立方米，超过国家标准（200 毫克/立方米）59%，发出了红色危险讯号。11 时浓度升至 604 毫克/立方米，超过 500 毫克/立方米紧急危险线。中央政府当即宣布雅典进入"紧急状态"，禁止所有私人汽车在市中心行驶，限制出租汽车和摩托车行驶，并令熄灭所有燃料锅炉，主要工厂削减燃料消耗量 50%，学校一律停课。中午，二氧化碳浓度增至 631 毫克/立方米，超过历史最高纪录。一氧化碳浓度也突破危险线。许多市民出现头疼、乏力、呕吐、呼吸困难等中毒症状。市区到处响起救护车的呼啸声。下午 16 时 30 分，戴着防毒面具的自行车队在大街上示威游行，高喊"要污染，还是要我们?""请为排气管安上过滤嘴!"

海湾战争油污染事件

据估计，1990 年 8 月 2 日至 1991 年 2 月 28 日海湾战争期间，先后泄入海湾的石油达 150 万吨。1991 年多国部队对伊拉克空袭后，科威特油田到处起火。1 月 22 日科威特南部的瓦夫腊油田被炸，浓烟蔽日，原油顺海岸流入波斯湾。随后，伊拉克占领的科威特米纳艾哈麦迪开闸放油入海。科南部的输油管也到处破裂，原油滔滔入海。1 月 25 日，科接近沙特的海面上形成长 16 千米，宽 3 千米的油带，每天以 24 千米的速度向南扩展，部分油膜起火燃烧，黑烟遮没阳光，伊朗南部降了"黏糊糊的黑雨"。至 2 月 2 日，油膜带宽 16 千米，长 90 千米，逼近巴林，危及沙特阿拉伯。迫使两国架设浮拦，保护海水淡化厂水源。

墨西哥湾井喷事件

1979 年 6 月 3 日，墨西哥石油公司在墨西哥湾南坎佩切湾尤卡坦半岛附近海域的伊斯托克 1 号平台钻机打入水下 3 625 米深的海底油层时，突然发生严重井喷，原油泄漏，使这一带的海洋环境受到严重污染。

知识点

原油

习惯上称直接从油井中开采出来未加工的石油为原油，它是一种由各种烃类组成的黑褐色或暗绿色黏稠液态或半固态的可燃物质。地壳上层部分地区有石油储存。它由不同的碳氢化合物混合组成，其主要组成成分是烷烃，此外石油中还含硫、氧、氮、磷、钒等元素。可溶于多种有机溶剂，不溶于水，但可与水形成乳状液。按密度范围分为轻质原油、中质原油和重质原油。不过不同油田的石油成分和外貌可以有很大差别。原油的分类有多种方法，按组成分类可分为石蜡基原油、环烷基原油和中间基原油 3 类；按硫含量可分为超低硫原油、低硫原油、含硫原油和高硫原油 4 类；按比重可分为轻质原油、中质原油、重质原油以及特重质原油 4 类。

延伸阅读

海湾战争

海湾战争是指 1990 年 8 月 2 日至 1991 年 2 月 28 日期间，以美国为首的由 34 个国家组成的多国部队和伊拉克之间发生的一场局部战争。1990 年 8 月 2 日，伊拉克军队入侵科威特，推翻科威特政府并宣布吞并科威特。以美国为首的多国部队在取得联合国授权后，于 1991 年 1 月 16 日开始对科威特和伊拉克境内的伊拉克军队发动军事进攻，主要战斗包括历时 42 天的空袭，以及在伊拉克、科威特和沙特阿拉伯边境地带展开的历时 100 小时的陆战。多国部队以较小的代价取得决定性胜利，重创伊拉克军队。伊拉克最终接受联合国 660 号决议，并且从科威特撤军。

本次战争是美军自越南战争后主导参加的第一场大规模局部战争。在战争中，美军首次将大量高科技武器投入实战，展示了压倒性的制空、制电磁优势。通过海湾战争，美国进一步加强了与波斯湾地区国家的军事、政治合作，强化了美军在该地区的军事存在，同时为 2003 年的伊拉克战争埋下了伏笔。

SINUE DIQIU DE ZAINAN HUANJING WURAN

人类自酿的苦果
RENLEI ZINIANG DE KUGUO

工业革命之后，社会生产力急速发展，极大地丰富了人类的物质和精神文明。但是与此同时，人类对自然环境的破坏也前所未有地严重了。由于煤、石油、天然气等矿物燃料的大量使用，原本干净的空气被它们排放出的二氧化碳、二氧化硫、一氧化碳等有毒有害气体污染了，直接导致了地球温室效应的发生和酸雨的危害。由于乱砍滥伐，大片的森林从地球上消失了，直接导致了生态平衡被打破，大量的动植物从此灭绝了……

日益严重的环境污染和生态破坏已经严重地影响到了人类的健康。每年都有许多人因环境污染引发的各种问题而丧命，每年都有许多人因生态破坏而感染各种疾病……毫不夸张地说，环境污染正在以前所未有的凶残侵袭着人类的健康。

物种灭绝

每小时 3 个物种灭绝

英国生态学和水文学研究中心的杰里米·托马斯领导的一支科研团队在最近出版的《科学》杂志上发表的英国野生动物调查报告称，在过去 40 年中，英国本土的鸟类种类减少了54%，本土的野生植物种类减少了28%，而本土蝴蝶的种类更是惊人地减少了71%。一直被认为种类和数量众多，有很强恢复能力的昆虫也开始面临灭绝的命运。

科学家们据此推断，地球正面临第六次生物大灭绝。中国科学院动物研究所首席研究员、中国濒危物种科学委员会常务副主任蒋志刚博士也认为，从自然保护生物学的角度来说，自工业革命开始，地球就已经进入了第六次物种大灭绝时期。

据统计，全世界每天有75个物种灭绝，每小时有3个物种灭绝。

把调查到的英国蝴蝶情况推及英国其他昆虫，及整个地球上的无脊椎动物，那我们显然正在遭遇一场严重的生物多样性危机。

物种是指个体间能相互交配而产生可育后代的自然群体。已经灭绝的物种是指在过去的50年里在野外没有被肯定地发现的物种。"大灭绝不单是一个物种灭绝，而是很多物种在相对比较短的地质历史时期，即几十万年，或者是几百万年里灭绝了。"蒋志刚博士说。托马斯说："昆虫物种量占全球物种量的50%以上，因此它们的大规模灭绝对地球生物多样性来说是个噩耗。"自工业革命以来，地球上已有冰岛大海雀、北美旅鸽、南非斑驴、印尼巴厘虎、澳洲袋狼、直隶猕猴、高鼻羚羊、普氏野马、台湾云豹等物种不复存在。世界自然保护联盟发布的《受威胁物种红色名录》表明，目前，世界上还有1/4的哺乳动物、1 200多种鸟类以及3万多种植物面临灭绝的危险。

前五次灭绝自然而为

自从6亿年前多细胞生物在地球上诞生以来，物种大灭绝现象已经发生过5次。

地球第一次物种大灭绝发生在距今4.4亿年前的奥陶纪末期，大约有85%的物种灭绝。

在距今约3.65亿年前的泥盆纪后期，发生了第二次物种大灭绝，海洋生物遭到重创。

而发生在距今约2.5亿年前二叠纪末期的第三次物种大灭绝，是地球史上最大最严重的一次，估计地球上有96%的物种灭绝，其中90%的海洋生物和70%的陆地脊椎动物灭绝。三叠纪始于距今2.5-2.03亿年，延续了约

5 000万年。是中生代的第一个纪。它位于二叠纪和侏罗纪之间，海西运动以后，许多地槽转化为山系，陆地面积扩大，地台区产生了一些内陆盆地。这种新的古地理条件导致沉积相及生物界的变化。三叠纪是古生代生物群消亡后现代生物群开始形成的过渡时期。三叠纪早期植物面貌多为一些耐旱的类型，随着气候由半干热、干热向温湿转变，植物趋向繁茂，低丘缓坡则分布有和现代相似的常绿树，如松、苏铁等，而盛产于古生代的主要植物群几乎全部灭绝。三叠纪时，脊椎动物得到了进一步的发展。其中，槽齿类爬行动物出现，并从它发展出最早的恐龙，三叠纪晚期，蜥臀目和鸟臀目都已有不少种类，恐龙已经是种类繁多的一个类群了，在生态系统占据了重要地位。因此，三叠纪也被称为"恐龙世代前的黎明"。与此同时，从兽孔类爬行动物中演化出了最早的哺乳动物－似哺乳爬行动物，但是，在随后从侏罗纪到白垩纪长达1亿多年的漫长岁月里，这批生不逢时的哺乳动物一直生活在以恐龙为主的爬行动物的阴影之下，直到新生代才成为地球的主宰。

第四次发生在1.85亿年前，80%的爬行动物灭绝了。

第五次发生在6 500万年前的白垩纪，也是为大家所熟知的一次，统治地球达1.6亿年的恐龙灭绝了。

前5次物种大灭绝事件，主要是由于地质灾难和气候变化造成的。例如，第一次物种大灭绝是由全球气候变冷造成的，发生在白垩纪末期的那次则是因为小行星撞击地球导致全球生态系统的崩溃。

第六次灭绝人是祸首

现在进行之中的第六次物种大灭绝，人类成为罪魁祸首。专家认为，人类是否会列入其中也很难说。有人也不否认，从进化论的角度来看，物种灭绝本是自然规律，比如大熊猫种群目前就处于一种衰退的状态。但是自从人类出现以后，特别是工业革命以来，地球人口不断地增加，需要的生活资料越来越多，人类的活动范围越来越大，对自然的干扰越来越多。如此这般，大批的森林、草原、河流消失了，取而代之的是公路、农田、水库……生物的自然栖息地被人类活动的痕迹割裂得支离破碎。"每一条道路对于动物来说都是一道难以逾越的屏障，就连分布在道路两边的蝴蝶种群都产生了隔离，不再像以前那样飞来飞去进行基因交流。"蒋志刚博士痛心地说，"更不用说藏羚羊、狮子、老虎等这样的大型动物了。"有科学家估计，如果没有人类的干扰，在过去的2亿年中，平均大约每100年有90种脊椎动物灭绝，平均每27年有一个高等植物灭绝。但是因为人类的干扰，使鸟类和哺乳类动物灭绝的速度提高了100～1 000倍。美国杜克大学著名生物学家斯图亚特·皮姆认为，如果物种以这样的速度减少下去，到2050年，目前的1/4～1/2的物种将会灭绝或濒临灭绝。

新物种难以产生。现有的物种在不断走向衰亡，新的物种却很难产生。根据化石记录，每次物种大灭绝之后，取而代之的是一些全新的高级类群。恐龙灭绝之后哺乳动物迅速繁衍就是一个典型例子。生物总是在不断地进化之中，我们现在看到的这些生物都是经过漫长年代进化而来的。所以，新物种的产生需要很长时间和大量空间，但是现在到处都在人的管理下，自然环境越来越差，生物失去了自然进化的环境和条件，物种在不断地自然死亡，却很难有新的物种产生。就像虎一样，如果给它足够的生存空间，让它自由地捕猎，它可能还会进化，产生一种类似虎的新物种。但是现在活动的空间有限，它要生存下来都很难了，就不用说进化了。地球表层，是由动物、植物、微生物等所有有生命的物种和它们赖以生存的环境组成的一个巨大的生物圈，人类也是其中一员。大量生物在第六次物种大灭绝中消失，却很难像前5次那样产生新的物种，地球生态系统远比想象的脆弱，当它损害到一定程度时，就会导致人类赖以生存的体系崩溃。

 知识点

物　种

物种是生物分类学的基本单位。物种是互交繁殖的相同生物形成的自然群体，是一群可以交配并繁衍后代的个体，但与其他生物却不能交配，不能性交或交配后产生的杂种不能再繁衍。Mayr于1982年对物种进行了重新定义，他认为物种是由居群组成的生殖单元和其他单元在生殖上隔离的，在自然界占据一定的生态位。

延伸阅读

物种灭绝将威胁人类生存

从地球诞生之日算起，地球上总共出现过约 10 亿个物种，到现在留下来的不足 10%，约 800 万~1 000 万个物种。99% 的物种都在漫长的生物进化过程中灭绝了。这个过程经历了 30 多亿年。

在人类出现以前，地球上剩下的物种已经不多。火山爆发、地壳运动、冰期出现等自然灾变，导致了生物生存环境的极端恶化，是引起生物物种大量灭绝的直接原因和首要原因。

人类出现以后，大大地改变了生物之间的生存竞争法则，使生物物种灭绝的速度越来越快。据统计，大约 400 年以前，地球上的生物每过三四年灭绝一种；进入 20 世纪，每过 1 年就有一种物灭绝；20 世纪 80 年代以来，每过 1 个小时就有一种生物灭绝。生物物种的急剧减少，人类必须担负一定的责任。

人类的开荒、开矿、城市和交通建设、修筑水坝等活动，破坏了很多生物的栖息地。例如，朱鹮鸟是世界上濒临灭绝的珍贵鸟种之一，在我国主要分布于陕西秦岭山区，由于人们频繁过度的采林活动，致使朱鹮鸟丧失了生存条件，数量锐减，几乎灭绝，20 世纪 80 年代只剩下 7 只朱鹮鸟。经过大力保护，到现在朱鹮鸟虽然避免了灭绝的危险，但不过只有 80 多只。

人类不适当地引进物种，破坏了某些区域长期以来形成的生态平衡，导致物种的减少与灭绝。

人类对野生动植物的捕杀和采集，给不少物种的生存带来困难。例如，200 多年以前，北美洲野牛大约有 6 000 多万头，由于人们乱捕滥杀，最后一群野牛终于在 1883 年被围剿清灭。现在，尽管在北美的某些动物园里还能看到几头野牛，但作为一个野生物种，野牛实际上已因人为因素而灭绝了。

生物物种的灭绝，最终会破坏地球生态的平衡，威胁人类的生存。为了保护地球环境，为人类自身利益着想，我们必须采取有效措施使人类的生产、生活活动进一步规范化、合理化，从而保护和拯救生物物种。

大气污染

地球外围的大气层是人类和其他生物赖以生存的、片刻也不能缺少的物质。一个成年男子每天需要大约 15 千克空气，远远超过他需要的食物量和饮水量，可见空气质量的好坏对人体健康多么重要。

烟雾笼罩下的城市

清洁的大气，天晴的时候天空看上去是蔚蓝蔚蓝的，使人格外爽心悦目。相反，大气一旦受到污染，即使是晴天，天空也变得灰蒙蒙、雾茫茫的。这样，人会有一种压抑的感觉，身体出现不适，心情越来越坏。洁净的大气，通常含有 78% 的氮气、21% 的氧气、0.03% 的二氧化碳、0.93% 的氩气，还有臭氧、甲烷、氨气、氖、氦等微量的其他气体。大气一旦受到污染，就说明各种气体的构成比例失调。科学家们发现，至少有 100 种大气污染物对环境造成危害，其中对人类威胁较大的有二氧化硫、氮氧化物、一氧化碳、氟氯烃等。

某些自然现象足可影响空气的组成成分，造成大气污染。如火山爆发向空气喷发出大量的二氧化碳和粉尘，电闪雷鸣有时能引起森林火灾，消耗空气中的氧气，增加空气中的二氧化碳。但这些影响不普遍，也不长久，一段时间后空气可自行恢复原状。

唯有人类不合理的生产和生活活动对大气造成的污染极为严重。许多现代化大工厂不断向大气中排放各种各样的物质，包括许多有毒有害物质。据统计，全世界每年排放二氧化硫 15 亿多吨，二氧化碳 2 亿多吨，悬浮颗粒物 23 亿吨和氮氧化物 6 900 万吨。这就对大气造成极为严重的污染，使空气成

酸雨腐蚀树木

分长期改变而不能恢复，以至对人和其他生物产生不良影响。

大气污染轻者，人和生物当时感觉不出，时间长了就会生发各种病症；污染比较严重的，易使人流泪、咳嗽、头痛、恶心；特别严重的，会使人窒息甚至于丧命。

大气污染不仅影响人体健康，还会改变气象规律。全球气候变暖、酸雨、臭氧空洞等，归根结底是由大气污染造成的。

科学家们根据进入大气中的多种物质对人类健康、对生物的影响、对气候的影响制定出最大允许浓度作为标准。如果某种物质超标，就说明大气受到污染，超标越多，说明污染越严重。如今，我国北京、上海等许多大城市每天都向市民发布空气质量报告。

说到空气污染，人们往往自然联想起空气中的氟化氢、氯化氢、二氧化硫、一氧化碳等有害气体。其实，除此之外，空气中飘浮的细小微粒也是严重的污染源。这些直径不到千万分之一米的微粒被定名为"PM10"，人们称其为"空气杀手"。有些专家认为，它是造成伦敦每年死亡许多人的罪魁祸首。美国《纽约时报》载文说：一个环保组织得出的最新计算结果表明，因吸入污染空气中的微粒而死亡的人数在洛杉矶地区每年达 5 000 多人；在纽约每年达 4 000 多人。

英国《新科学家》杂志报道说，美国、波兰和捷克科学家在污染严重的东欧地区进行研究后得出了微粒污染会阻碍胎儿在子宫内生长发育的结论。纽约哥伦比亚大学的弗雷德丽卡·佩雷拉，在布达佩斯的一次医学会议上说，妇女在怀孕期如果生活在微粒污染物含量很高的环境中，生下的婴儿头部和躯干较小，这些儿童患癌症的危险性可能增大，他们以后的学习能力也可能受影响。《新科学家》杂志同时报道说，美国环保局在捷克共和国的北波希米亚所做的一项研究也得出了同样的结果。

美国自然资源保护委员会对239个城市所做的研究表明，如果将每立方米空气中微粒的重量限定不超过20毫克，那么每年可能挽救4 700人的生命；如果限定在10毫克，每年就可挽救大约5.6万人。有人测定，当空气中飘浮的微粒达100微克时，儿童气喘显著增多；达200微克时，老人和体弱者死亡率增加。更使人担心的是，每天心脏病的发病率的变化也与空气微粒的增减密切相关。当空气微粒的数量增加时，因心脏病死亡的人数也会急剧增加。哈佛公共卫生学院的道格拉斯·多克里博士，在对美国6个城市进行调查时，发现了死亡与空气微粒联系的证据。

尽管空气微粒引发心脏病的机制尚待研究，但是，考虑到血液必须经过肺部，美多克里博士认为，可能存在如下两个方面的原因：①物理方面的原因。近年来科学家已发现，人们每次呼吸都往肺部深处吸入大量微粒，在正常情况下，大约一次吸气要吸入50万个微粒。这些微粒进入肺部深处，就会作为经常性刺激物留在肺里。这种刺激物会导致炎症并产生黏液，使呼吸困难，甚至导致死亡。②化学方面的原因。微粒可以充当把化学污染物（如酸类物质、铅、汞等金属）带入肺部深处的媒介，这些物质会加速游离基之类有害物质的产生。

空气中微粒的来源十分广泛，以煤为燃料的火力发电站产生的微粒最多，烧1吨煤排放的这种微粒就达10千克；以汽油和柴油为能源的各类机动车，以及工业锅炉产生的微粒量也很大。此外，还有狂风刮起裸露地上的尘土，工业区中冶金业、石灰厂、水泥厂等排放的微粒，车辆排放的氧化氮变成的硝酸盐微粒，电厂排放的氧化硫产生的硫酸盐微粒等。

为了对付微粒这个"空气杀手"，人们想到了森林。研究表明，森林具有清除空气微粒的过滤器的作用。由于树木枝繁叶茂，滞尘面积大，同时，枝叶具有与烟尘相反的电荷，能吸附飘尘。此外，林内湿度大，增加了对微粒的附着力；枝干和茂密的枝叶能阻止狂风减低风速，也使微粒不易被刮起，加之微粒又是雨滴的凝聚核，随雨降落地面，雨后大气中微粒大大减少，染尘树木经雨水冲刷后又可恢复其滞尘能力。据测定，1公顷松林每年能清除微粒36吨，1英亩林带1年可吸收并同化污染物100吨；榆树的吸尘能力高达3.39克/平米。此外，如毛白杨、大叶杨、泡桐、紫穗槐、女贞、夹竹桃、

侧柏等都是滞尘的好树种；青杨、桑树有吸铅尘的本领；桂花、棕榈、腊梅都有吸汞的能力。难怪人们将森林称为降服空气尘埃的克星。

大气层

大气层是包围在地球周围的一层很厚的气体，厚度在 1 000 千米以上，但没有明显的界限。随着高度的不同，大气层表现出不同的特点。根据不同高度的大气层表现出的不同特点，科学家把整个大气层分为 5 层。这 5 层从下往上分别是对流层、平流层、中间层、暖层和散逸层。

大气层的成分是氮气、氧气、氩气、二氧化碳以及少量的稀有气体和水蒸气。按体积计算，氮气约占 78.1%，氧气约占 20.9%，氩气约占 0.93%，二氧化碳、稀有气体和水蒸气约占 0.07%。

在地球引力的作用下，大气层犹如一层保护伞，被牢牢地吸引在地球的周围，保护着地球上的一切。现在已经发现，太阳系的其他行星也有各自的大气层，其组成成分各不相同。

延伸阅读

PM2.5

PM，英文全称为 particulate matter（颗粒物）。科学家用 PM2.5 表示每立方米空气中这种颗粒的含量，这个值越高，就代表空气污染越严重。

在城市空气质量日报或周报中的可吸入颗粒物和总悬浮颗粒物是人们较为熟悉的两种大气污染物。

可吸入颗粒物又称为 PM10，指直径大于 2.5 微米、等于或小于 10 微米，可以进入人的呼吸系统的颗粒物；总悬浮颗粒物也称为 PM100，即直径小于或等于 100 微米的颗粒物。

PM2.5 产生的主要来源，是日常发电、工业生产、汽车尾气排放等过程中经过燃烧而排放的残留物，大多含有重金属等有毒物质。

一般而言，粒径 2.5～10 微米的粗颗粒物主要来自道路扬尘等；2.5 微米以下的细颗粒物（PM2.5）则主要来自化石燃料的燃烧（如机动车尾气、燃煤）、挥发性有机物等。

气象专家和医学专家认为，由细颗粒物造成的灰霾天气对人体健康的危害甚至要比沙尘暴更大。粒径 10 微米以上的颗粒物，会被挡在人的鼻子外面；粒径在 2.5 微米至 10 微米之间的颗粒物，能够进入上呼吸道，但部分可通过痰液等排出体外，另外也会被鼻腔内部的绒毛阻挡，对人体健康危害相对较小；而粒径在 2.5 微米以下的细颗粒物，直径相当于人类头发的 1/10 大小，不易被阻挡。被吸入人体后会直接进入支气管，干扰肺部的气体交换，引发包括哮喘、支气管炎和心血管病等方面的疾病。

每个人每天平均要吸入约 1 万升的空气，进入肺泡的微尘可迅速被吸收、不经过肝脏解毒直接进入血液循环分布到全身；其次，会损害血红蛋白输送氧的能力，丧失血液。对贫血和血液循环障碍的病人来说，可能产生严重后果。例如可以加重呼吸系统疾病，甚至引起充血性心力衰竭和冠状动脉等心脏疾病。总之这些颗粒还可以通过支气管和肺泡进入血液，其中的有害气体、重金属等溶解在血液中，对人体健康的伤害更大。人体的生理结构决定了对 PM2.5 没有任何过滤、阻拦能力，而 PM2.5 对人类健康的危害却随着医学技术的进步，逐步暴露出其恐怖的一面。

酸　雨

酸雨是大气污染造成的严重后果之一。和大气污染一样，酸雨也威胁着人类的健康。什么是酸雨呢？一般地说，酸雨与从天上落下来的普通的雨明显地不同，由于它带有一种特殊的酸性物质，一旦飘进眼睛就会使人感到酸痛，甚至落到皮肤上也好像被蚊子叮了一下似的。如果从科学的角度来解释的话，我们必须采用化学上的 pH 值计量方法。pH 值是衡量物质酸碱度的数值，pH 值越小，酸性越强。正常降雨的 pH 值是 5.6，而酸雨的 pH 值都低于

5.6。

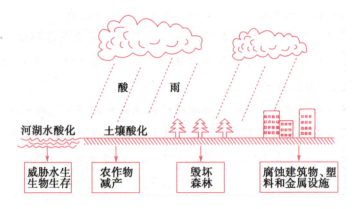

酸雨的危害

　　酸雨的危害性是非常大的，它能影响水体的化学结构，造成湖水酸化，严重的湖水酸化会使湖鱼绝种；它能破坏土壤正常的酸碱度，影响植物对营养的吸收；它能使森林因土壤中养分侵蚀及钙和铝平衡的改变而遭到破坏；它还能腐蚀建筑物。为什么我国故宫的汉白玉雕刻如今已斑斑驳驳呢？这全是酸雨腐蚀的结果。最要命的是酸雨直接影响和危害人体的健康。换句话说，酸雨的危害直接威胁到了人类的生存。

酸雨的危害

　　有资料表明，我国重庆曾出现过 pH 值为 3.1 的高浓度酸雨，它的危害真是太大了。自 20 世纪 80 年代以来，我国酸雨降水面积持续上升，pH 值小于 5.6 的降水等值线已大幅度向西北移动，越过了长江和黄河。

　　在欧洲和北美，曾出现过像柠檬汁、像醋一样的酸雨。受此影响，挪威南部 5 000 个湖泊中有 1 750 个已经鱼虾绝迹，德国巴伐利亚山区 1/4 的森林遭到毁坏，波兰有 24 万公顷针叶林枯萎。

　　酸雨影响的范围越来越广，甚至于超出了国界的限制，成为一种跨越国界的公害。人类再也不能忽视来自酸雨的威胁，自 20 世纪 70 年代瑞典第一次把酸雨作为国际问题提出以来，世界各国的环保部门和环境专家们，一直都致力于预防和治理酸雨污染。我们期待着 21 世纪能够解决这一全球性的重大环境问题。

 知识点

汉白玉

汉白玉主要成分是碳酸钙，它是一种化合物，化学式是 $CaCO_3$。基本上它并不溶于水。它可存在于以下形态：霰石、方解石、白垩、石灰岩、大理石、石灰华。可于岩石内找到。动物背壳和蜗牛壳的主要成分。同时，它还是重要的建筑材料。汉白玉质地坚硬洁白，石体中泛出淡淡的水印，俗称汗线，故而得名汉白玉。

在日常生活中，我们经常能看到色调淡雅、纹理清晰、图案美观的大理石。人们常用大理石来装饰墙壁、制作桌面及各种文具和工艺品。北京故宫各大殿台基周围的栏杆，就是用纯白色大理石制作的。这种纯白色的大理石就是汉白玉。

 延伸阅读

关于酸雨的黑色幽默

1. 泡菜

酸雨酸化了土壤以后，进一步也酸化了地下水。德国、波兰和前捷克交界的黑三角地区（当地先以森林，后以森林被酸雨破坏而著名）的一位家庭主妇，在接待日本客人奉茶时说："我们这个地区只有几口井的井水可供饮用。我们自己也常开玩笑说，只要用井水泡蔬菜，就能够做出很好的泡菜（指腌菜）来。"

2. 染发

酸化的地下水还腐蚀自来水管。瑞典南部马克郡的西里那村，有一户人家3个孩子的头发都从金黄色变成了绿色。这就是使马克郡出名的"绿头发"事件。原因是他们把井中的汲水管由锌管换成了铜管，而pH小于5.6的水对铜有较强的腐蚀性，产生铜绿。所以这户人家的浴室和洗漱台都已被染成铜绿色。这种溶有铜或锌离子的水还能使婴幼儿发生原因不明的腹泻。

3. 泰姬陵变色

大理石含钙特多，因此最怕酸雨侵蚀。例如，有两座高157米尖塔的著名德国科隆大教堂，石壁表面已腐蚀得凹凸不平，"酸筋"累累。通向入口处的天使和玛利亚石像剥蚀得已经难以恢复。其中的砂岩（更易腐蚀）石雕近15年间甚至腐蚀掉了10厘米。已经进入《世界遗产名录》的著名印度泰姬陵，由于大气污染和酸雨的腐蚀，大理石失去光泽，乳白色逐渐泛黄，有的变成了锈色。

4. 自由女神化妆

酸雨同样也腐蚀金属文物古迹。例如，著名的美国纽约港自由女神像，钢筋混凝土外包的薄铜片因酸雨而变得疏松，一触即掉（而在1932年检查时还是完好的），因此不得不进行大修（已于1986年女神像建立100周年时修复完毕）。意大利威尼斯圣玛丽教堂正面上部阳台上的4匹青铜马曾被拿破仑掠到过巴黎，后来完璧归赵。近来却因酸雨损坏严重无法很好修复，只得移到室内，在原处用复制品代替。世界上类似情况还有许多。荷兰中部尤特莱希特大寺院中，有一套组合音韵钟，是在17世纪铸造的名钟。300年来人们一直十分喜欢听它的声音。可是近30年来钟的音程出了毛病，音色也逐渐变得不洪亮。因为钟是用80%的铜制的，由于敲钟时反复震动铜锈逐渐剥落，酸雨腐蚀已经进入到钟的内部。

南极臭氧空洞

自20世纪70年代中期以来，在南极的大气观测中发现，南极地区上空

10~20千米处的平流层中下层，秋季（9月、10月）的臭氧含量在逐年减少，到1985年仅为正常值的60%~70%。雨云7号极轨卫星探测的臭氧总量资料表明，臭氧减少的区域位于南极点附近，呈椭圆形，其范围有逐年扩大的趋势，1985年已相当于美国的面积。这一现象被称为南极臭氧洞。南极臭氧洞的出现及其不断扩大和"加深"，已引起学者们的广泛注意，同时也使一些科学家产生忧虑。

地球上空平流层中下层的臭氧层，是地球上人类及其他生物，免遭太阳紫外线伤害的"保护伞"。地球上的高级生物是在这一臭氧层形成之后才出现的。虽然臭氧在地球大气中含量极少，其平均浓度按体积比仅为3%左右，但它能强烈吸收太阳辐射中的紫外线，从而使到达地面的紫外辐射，少到使生物体能够承受的程度。如果这一"保护伞"由于某种原因受到破坏，太阳紫外辐射就会长驱直入，严

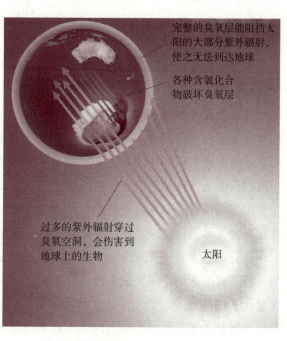

完整的臭氧层能阻挡太阳的大部分紫外辐射，使之无法到达地球

各种含氯化合物破坏臭氧层

过多的紫外辐射穿过臭氧空洞，会伤害到地球上的生物

太阳

臭氧层是地球的保护伞

重危及地面上的人类和生物的正常生长。从我国南极长城站考察归来的一些队员发现，虽然南极的日照时间不长，但他们的皮肤却明显地被晒黑许多，并常常脱皮，有疼痛的感觉。有些人头发、胡子变黄变白。

过量的阳光紫外线照射还会引起癌症。据估计，世界上现在每年约有12万人因此而患皮肤癌。阳光紫外线为什么会引起皮肤癌？原因是：皮肤细胞受到过量的紫外线照射后，就会损伤遗传物质DNA，而在DNA的修复过程中，或者在大量细胞死亡后存活下来的少量细胞的DNA中，有时会发生"遗传信息"的差错，使这个正常的细胞的下一代变成了癌细胞。接着，新生的癌细胞不断地分裂繁殖，使后代细胞始终保持着癌细胞的特性，最后形成了

皮肤癌。

阳光中紫外线的波长，从 4 900 埃直至 400 埃以下。波长为 400 ～ 300 埃的紫外线，只有引起皮肤黝黑的作用。而引起皮肤癌的紫外线，经过大气层中的臭氧层作用以后，到达地面的只剩下了波长为 290 埃以上的。所以在一般情况下，阳光并不容易引起皮肤癌。相反，人们还常利用阳光紫外线对人有益的一面来增强体质，如开展日光浴等活动。但是，大气污染严重地破坏着臭氧层，使阳光中照射到地面的短波紫外线不断地增多，引起的皮肤癌病人也逐渐增多。

要将南极臭氧减少的原因弄个水落石出并非易事，大气科学工作者正在为此而努力。目前他们从动力和光化学两方面，试图对臭氧洞的形成做出解释。动力观点认为，在南极极夜期间，因中低纬向南极的热量输送效率很低，控制在南极上空的极地涡漩内部，形成了异常低温的环境。当极夜结束，太阳重新跃出地平线时，因集中于平流层中下层的臭氧对太阳辐射的吸收，这一范围内的大气被加热，于是在该层出现上升运动。这一上升运动引起的抽吸作用，将对流层臭氧含量低的气体带进了平流层，替代了原来平流层臭氧含量高的气体。这样，整层的臭氧总量就会明显减少。

还有一些学者从光化学的角度，提出南极臭氧减少的原因。这种观点认为，因近代工业的发展，氟利昂（一种用于冰箱等制冷设备中的制冷剂）等大量化学试剂的使用等人为因素以及诸如火山喷发等自然因素，使大气中氯氟烃等微量元素的含量一直在增加。这些元素在初春阳光照射下，可以与臭氧进行光化学反应，使大量臭氧被破坏，与这些微量元素结合成其他物质。许多人指出，南极的低温环境，冬末春初极地平流层云的大量存在都有利于这样的光化学反应。所以，南极的臭氧含量会在极夜结束后大量减少。

目前这两种解释都还没有找到充分可靠的证据。在南极臭氧减少的过程中，这两种原因可能都产生作用。综合这两种观点也许能得到南极臭氧减少的更完整的解释。

不管怎样，人类到了应该充分认识自己的某些活动对大气环境造成严重影响的时候了。南极臭氧洞的出现，再一次告诫人们，地球大气系统是相当复杂的，对它的任何不良作用的长期积累，都可能出现意想不到的严重后果。人类要在地球上正常生活，必须爱惜和保护赖以生存的大气层，这是避免任何因大气变化导致悲剧的最好办法。

 **知识点**

极昼与极夜

　　地球在围绕太阳旋转的时候，赤道平面并不和公转的轨道平面垂直，它们相交成23°26′的夹角。每年春分，太阳直射地球的赤道。然后地球渐渐移动，到了夏天，日光直射到北半球来。经过秋分，太阳再直射赤道。到了冬季，太阳又直射南半球去了。

　　在夏季这段时间，北极地区整天在日光照耀之下，不管地球怎样自转，北极都不会进入地球上未被阳光照到的暗半球内，一连几个月都能看见太阳。秋分以后，阳光直射到南半球去，北极进入了地球的暗半球里，漫漫长夜方才降临。在整个冬季，日光一直不能照到北极。所以北极半年是白昼（从春分到秋分），另半年是黑夜（从秋分到春分）。同样的道理，南极也是半年白昼，半年黑夜。只不过时间和北极正好相反。

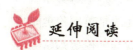 **延伸阅读**

紫外线对人类的影响

　　高能量的紫外线（波长为315～280纳米）可以导致皮肤癌，另外低层大气（对流层）臭氧增加也会对人类健康产生危害。

　　1. 鳞状细胞癌和基底细胞癌：是最常见的皮肤癌，和被高能量的紫外线辐照关系非常密切。紫外线使DNA分子中的碱基嘧啶形成二聚体，导致DNA复制时出现错误。这种病虽然死亡率不高，但也需要即时接受外科手术。根据流行病学的统计数据，平流层中的臭氧每减少1%，皮肤癌的发病率会增加2%。

2. 恶性黑色素瘤：是另一种皮肤癌，虽然比较少见，但更为致命，死亡率能达到15%～20%，此病和紫外线的关系尚不明了，经过用鱼做的试验，证明90%～95%的发病和普通紫外线以及可见光有关，用负鼠做的试验则证明和高能量的紫外线关系密切，所以很难确定和臭氧层消耗之间的关系。有一个研究证明高能量的紫外线辐射每增加10%，可导致恶性黑色素瘤男人发病率增加19%，女人增加16%。根据对智利最南端的蓬塔阿雷纳斯人群调查，在臭氧层消耗的7年间，恶性黑色素瘤发病率增加了56%，其他皮肤癌发病率增加了46%。

3. 白内障：实验研究证明紫外线和白内障的发病率有关。对白种人的调查，长期暴露在阳光下，和白内障发病率增加有关，对男人的影响比对女人影响大，没有对黑种人的调查数据，不过黑人的白内障发病率比白人要高。

光化学烟雾

自从20世纪30年代以来，比利时、美国、英国、日本等先后发生了烟雾事件，造成了很大的危害。

在20世纪60年代以前，世界上发生了八大公害事件，其中烟雾事件占了5起，受害的人很多，影响的范围也很广。最有代表性的是英国伦敦烟雾和美国洛杉矶光化学烟雾，它们代表了两种不同类型的烟雾。伦敦烟雾主要是由硫氧化物引起的还原性烟雾；洛杉矶烟雾是由过氧化物和臭氧引起的氧化性烟雾。

在一定的地理条件和气象条件下，大气污染物会在一定地区集聚起来。伦敦烟雾事件就是这样形成的。伦敦是一座具有2000多年历史的大城市，处在泰晤士河下游的开阔河谷中。1952年12月5－8日，伦敦地面无风，当时正值寒冬季节，气温很低，潮湿而沉重的空气压在伦敦上空，使伦敦一连数天沉浸在浓雾之中，不见天日，而成千上万个烟囱照样向空中喷吐大量黑烟，尘粒浓度为平时的10倍，二氧化硫的浓度为平时的6倍。烟雾中的三氧化二铁使二氧化硫氧化产生硫酸泡沫，凝结在烟尘上形成酸雾。4天中死亡4 000

余人。在以后的 2 个月中，陆续又有近 8 000 人死亡。因为当时弄不清原因，不能采取防治措施，导致伦敦在 1957 年和 1962 年又发生烟雾事件。1962 年，英国当局对 1952 年和 1962 年两次烟雾事件作了对比，才算弄清烟雾发生的原因。

光化学烟雾是大气污染物经过复杂的光化学反应，在一定的地理、气象条件下形成的。它的形成必须有充足的阳光、适量的氮氧化物和碳氢化合物以及不利于污染物扩散的地理、气象条件。美国洛杉矶由于具备上述 3 个条件才发生了光化学烟雾。

洛杉矶是美国的一个工业城市，临海依山，处在 50 千米长的盆地中。20 世纪 40 年代初期，洛杉矶就出现了一种浅蓝色的烟雾。这种烟雾有时连续几天不散，使许多人喉咙发炎，眼睛、鼻子受到刺激，还出现头痛、恶心等症状。

经过长期调查研究，人们直到 1951 年才发现这种烟雾是汽车尾气造成的。当时，洛杉矶有 250 多万辆汽车，每天消耗汽油 1.6 万升。这些汽车排放大量的氮氧化物、碳氢化合物、一氧化碳。由于洛杉矶的夏季和早秋季节阳光强烈，尾气在日光紫外线作用下，发生光化学反应，形成以臭氧为主的光化学烟雾。这种烟雾使人眼睛红肿、喉咙疼痛，严重的呼吸困难、视力减退、手足痉挛。如长期受害，会引起动脉硬化，生理功能减退。

汽车尾气

现在，凡是汽车集中的城市，普遍存在光化学烟雾的威胁，而且缺少有效的办法去消除。

泰晤士河

　　泰晤士河是英国著名的母亲河。发源于英格兰西南部的科茨沃尔德希尔斯，全长 402 千米，横贯英国首都伦敦与沿河的 10 多座城市，流域面积 13 000 平方千米，在伦敦下游河面变宽，形成一个宽度为 29 千米的河口，注入北海。在伦敦上游，泰晤士河沿岸有许多名胜之地，诸如伊顿、牛津、亨利和温莎等。泰晤士河的入海口充满了英国的繁忙商船，然而其上游的河道则以其静态之美而著称于世。在英国历史上泰晤士河流域占有举足轻重的地位。

中国私车保有量的增长

　　自 20 世纪 80 年代中国开始出现私人汽车，到 2003 年社会保有量达到 1 219 万辆，私人汽车突破千万辆用了近 20 年，而突破 2 000 万辆仅仅用了 3 年时间。2010 年，我国汽车的保有量达到了 7 000 万辆。截至 2011 年 8 月底，全国机动车保有量达到 2.19 亿辆。其中，汽车保有量首次突破 1 亿辆大关，占机动车总量的 45.88%。

　　据公安部交管局统计，2010 年 9 月底，我国机动车保有量达 1.99 亿辆，其中汽车 8 500 多万辆。每年新增机动车 2 000 多万辆；机动车驾驶人达 2.05 亿人，其中汽车驾驶人 1.44 亿人，每年新增驾驶人 2 200 多万人。公安部交管局所统计的 8 500 万辆汽车，还包括大约 1 500 万辆低速货车，也就是通常所说的农用车。减去农用车，我国汽车保有量实际上只有 7 000 万辆，低于日本的 7 500 万辆汽车保有量，相当于美国 2.85 亿辆汽车保有量的 1/4。从全世界范围来看，千人汽车保有量为 120 辆。而中国目前千人汽车保有量只有 54 辆，不到世界平均水平的一半。中国作为一个新兴汽车大国，去年已经成为世界最大的汽车生产国和第一大新车市场，汽车保有量近年来也迅速扩大。

2008 年末，全国民用轿车保有量 2 438 万辆，增长 24.5%，其中私人轿车 1 947 万辆，增长 28.0%。私车已经占全国汽车保有量的 60% 左右，这标志着中国汽车消费进入以私人消费为主的发展新阶段。

有毒有害物质污染

猫也会发疯，甚至跳海自杀。这是 20 世纪 50 年代初，在日本熊本县水俣湾附近的小渔村中发生的奇闻。

1953 年，也是在水俣湾，有一个人起初口齿不清，面部痴呆，后来耳朵聋了，眼睛瞎了，全身麻木，最后神经失常，高声嚎叫而死。当时，人们不知道这是什么病。直到 1956 年，又有 96 人得了同样的病，其中 18 人死亡。此后，以熊本大学为主组成医学研究所，开展流行病学调查，并把猫死人病的现象联系起来进行分析，终于找到了致病的根源。

原来，这是由于摄入富集在鱼类、贝类中的甲基汞而引起的中枢神经性疾病。因为最早发生在日本熊本县水俣湾附近，所以称为水俣病。如果短时间内摄入甲基汞 1 000 毫克，就可出现急性症状（如痉挛、麻痹等），并很快死亡；如果短期内连续摄入 500 毫克以上的甲基汞，就可相继出现肢端感觉麻木、中心性视野缩小、语言和听力障碍、运动失调等症状。

那么，甲基汞是从哪里来的呢？原来，建在水俣镇附近的一家氮肥厂，在 20 世纪三四十年代相继采用汞作催化剂生产醋酸乙烯和氯乙烯。大量含有甲基汞的废水、废渣排到水俣湾。甲基汞进入水体后，靠水体自净难以消除，就使鱼、贝类体内富集了甲基汞。人或猫吃了含有甲基汞的鱼或贝类，就生病死亡。

据 1972 年日本环境厅公布，日本前后 3 次发生水俣病，患者计 900 人，受威胁的人达 2 万以上。

甲基汞进入人体后，很容易被吸收，且不易降解，排泄很慢，特别是容易在脑中积累，侵害成年人的大脑皮层，也侵害小脑。对胎儿的侵害，几乎

遍及全脑。水俣病以它严重的后遗症震惊全世界，迄今没有有效的治疗方法，患者大都死亡或残废。只有积极改革生产工艺，不向环境排放汞及其化合物，才能预防水俣病。20世纪60年代后期，日本开始加强对汞污染的治理，使水俣病得到控制，但危害并没有彻底消除。防止水俣病的悲剧重演，仍然是环境保护的重要任务之一。

水体自净

污染物投入水体后，使水环境受到污染。污水排入水体后，一方面对水体产生污染，另一方面水体本身有一定的净化污水的能力，即经过水体的物理、化学与生物的作用，使污水中污染物的浓度得以降低，经过一段时间后，水体往往能恢复到受污染前的状态，并在微生物的作用下进行分解，从而使水体由不洁恢复为清洁，这一过程称为水体的自净过程。

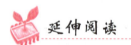

重金属对人体的危害

重金属对人体的伤害常见的有：

汞：食入后直接沉入肝脏，对大脑视神经破坏极大。天然水每升水中含0.01毫克，就会强烈中毒。含有微量汞的饮用水，长期食用会引起蓄积性中毒。

铬：会造成四肢麻木，精神异常。

砷：会使皮肤色素沉着，导致异常角质化。

镉：导致高血压，引起心脑血管疾病；破坏骨钙，引起肾功能失调。

铅：是重金属污染中毒性较大的一种，一旦进入人体很难排除。直接伤害人的脑细胞，特别是胎儿的神经板，可造成先天大脑沟回浅，智力低下；对老年人造成痴呆、脑死亡等。

钴：能对皮肤有放射性损伤。

钒：伤人的心、肺，导致胆固醇代谢异常。

锑：与砷能使银手饰变成砖红色，对皮肤有放射性损伤。

铊：会使人得多发性神经炎。

锰：超量时会使人甲状腺功能亢进。

锡：与铅是古代巨毒药"鸩"中的重要成分，入腹后凝固成块，使人至死。

锌：过量时会得锌热病。

铁：是在人体内对氧化有催化作用，但铁过量时会损伤细胞的基本成分，如脂肪酸、蛋白质、核酸等；导致其他微量元素失衡，特别是钙、镁的需求量。

这些重金属中任何一种都能引起人的头痛、头晕、失眠、健忘、神经错乱、关节疼痛、结石、癌症（如肝癌、胃癌、肠癌、膀胱癌、乳腺癌、前列腺癌及乌脚病和畸形儿）等；尤其对消化系统、泌尿系统的细胞、脏器、皮肤、骨骼、神经的破坏极其严重。且重金属排出困难，建议平常注意饮食，不然一旦在体内沉淀会给身体带来很多危害。

放射性污染

放射性物质应用范围的迅速增加，使放射性污染问题日益突出，成为全世界人类所关注的问题。在我们生活的地球上，早就存在着放射性物质，使我们的身体受到一定剂量的照射。这种天然存在的照射，就叫天然放射本底。天然放射本底的来源有3个：宇宙射线，每人每年约接受35毫伦；土壤中的放射性元素，每人每年约接受100毫伦；人和动物体内的微量放射性元素，每人每年约接受35毫伦。在自然条件下，每人每年约接受天然放射性元素170毫伦。

所谓放射污染，是指因人工辐射源的利用而导致对环境的污染。人工的辐射源，主要是医用射线源，核武器试验产生的放射性沉降，以及原子能工业排放的各种放射性废物等。

射线的危害有近期效应和远期效应两大类。原子弹爆炸时的高强度和医疗中的大剂量射线辐射，导致白血病和各种癌症的产生，属于近期效应。而通常所指的环境的放射性污染，是指长期接受低剂量辐射，对机体造成慢性损伤的远期效应或潜在效应。如长期接受低剂量辐射，会引起白细胞增多或减少、肺癌和生殖系统病变等，可留下几年、十几年或更长时间的后遗症，甚至把生理病变遗传给子孙后代。

放射性污染

对环境造成放射性污染的污染源，医用射线占人工污染源的94%，占所有射线总量的30%。

核试验可造成放射性沉降污染。核试验时，大气中形成了许多裂变物质的微细粒子，它们每年有10%～20%降落到地面。根据英国科学家推算，核试验如按现有规模继续下去，100年后可达到200毫居里/平方千米的放射水平。放射性沉降物与人关系最密切的是 ^{90} 锶和 ^{137} 铯。它们使骨癌和白血病发病率增高，对生殖腺影响也很大。

核能工业排放的各种放射性废物对海洋的污染，原子能设备的事故等均形成环境污染，给人类带来危害。

知识点

白血病

白血病是一类造血干细胞异常的克隆性恶性疾病。其克隆中的白血病细胞失去进一步分化成熟的能力而停滞在细胞发育的不同阶段。在骨髓和其他造血组织中白血病细胞大量增生积聚并浸润其他器官和组织，同时使正常造血受抑制，临床表现为贫血、出血、感染及各器官浸润症状。

延伸阅读

放射性"三废"处理

放射性废物中的放射性物质，采用一般的物理、化学及生物学的方法都不能将其消灭或破坏，只有通过放射性核素的自身衰变才能使放射性衰减到一定的水平。而许多放射性元素的半衰期十分长，并且衰变的产物又是新的放射性元素，所以放射性废物与其他废物相比在处理和处置上有许多不同之处。

1. 放射性废水的处理

放射性废水的处理方法主要有稀释排放法、放置衰变法、混凝沉降法、离子交换法、蒸发法、沥青固化法、水泥固化法、塑料固化法以及玻璃固化法等。

2. 放射性废气的处理

（1）铀矿开采过程中所产生废气、粉尘，一般可通过改善操作条件和通风系统得到解决。

（2）实验室废气，通常是进行预过滤，然后通过高效过滤后再排出。

（3）燃料后处理过程的废气，大部分是放射性碘和一些惰性气体。

3. 放射性固体废物的处理和处置

放射性固体废物主要是被放射性物质污染而不能再用的各种物体。

（1）焚烧；（2）压缩；（3）去污；（4）包装。

土壤重金属污染

土壤无机污染物中以重金属比较突出，主要是由于重金属不能为土壤微生物所分解，而易于积累，转化为毒性更大的甲基化合物，甚至有的通过食物链以有害浓度在人体内蓄积，严重危害人体健康。

土壤重金属污染物主要有汞、镉、铅、铜、铬、砷、镍、铁、锰、锌等，砷虽不属于重金属，但因其行为与来源以及危害都与重金属相似，故通常列

重金属污染

入重金属类进行讨论。就对植物的需要而言，金属元素可分为两类：①植物生长发育不需要的元素，而对人体健康危害比较明显，如镉、汞、铅等；②植物正常生长发育所需元素，且对人体又有一定生理功能，如铜、锌等，但过多会造成污染，妨碍植物生长发育。

同种金属，由于它们在土壤中存在形态不同，其迁移转化特点和污染性质也不同，因此在研究土壤中重金属的危害时，不仅要注意它们的总含量，还必须重视各种形态的含量。

汞

土壤的汞污染主要来自于污水灌溉、燃煤、汞冶炼厂和汞制剂厂（仪表、电气、氯碱工业）的排放。比如一座 700 兆瓦的热电站每天可排放汞 2.5 千克。含汞颜料的应用、用汞做原料的工厂、含汞农药的施用等也是重要的汞污染源。

土壤中汞的存在形态有无机态与有机态，并在一定的条件下互相转化。无机汞有因溶解度低，在土壤中迁移转化能力很弱，但在土壤微生物作用下，汞可向甲基化方向转化。微生物合成甲基汞在好氧或厌氧条件下都可以进行。在好氧条件下主要形成脂溶性的甲基汞，可被微生物吸收、积累，而转入食物链造成对人体的危害；在厌氧条件下，主要形成二甲基汞，在微酸性环境下，二甲基汞可转化为甲基汞。

汞对植物的危害因作物的种类和生育而异。汞在一定浓度下使作物减产，在较高浓度下甚至使作物死亡。不同植物对汞吸收能力是：针叶植物 > 落叶植物，水稻＞玉米＞高粱＞小麦，叶菜类＞根菜类＞果菜类。

镉

镉主要来源于镉矿、镉冶炼厂。因镉与锌同族，常与锌共生，所以冶炼锌的排放物中必有 ZnO、CdO，它们挥发性强，以污染源为中心可波及数千米远。镉工业废水灌溉农田也是镉污染的重要来源。

土壤中镉的存在形态也很多，大致可分为水溶性镉和非水溶性镉两大类。离子态和络合态的水溶性镉 $CdCl_2$、$Cd(WO_3)_2$ 等能为作物吸收，对生物危害大，而非水溶性镉 CdS、$CdCO_3$ 等不易迁移，不易被作物吸收，但随环境条件的改变两者可互相转化。如土壤偏酸性时，镉溶解度增高，在土壤中易于迁移；土壤处于氧化条件下（稻田排水期及旱田）镉也易变成可溶性，被植物吸收也多。

镉对农业最大的威胁是产生"镉米"、"镉菜"，进入人体后使人患骨痛病。另外，镉会损伤肾小管，出现糖尿病，镉还可引起血压升高，出现心血管病，甚至还有致癌、致畸的报道。

铅

铅是土壤污染较普遍的元素。污染源主要来自汽油里添加抗爆剂烷基铅，随汽油燃烧后的尾气而积存在公路两侧百米范围内的土壤中，另外，铅字印刷厂、铅冶炼厂、铅采矿场等也是重要的污染源，随着我国乡镇企业的发展，"三废"中的铅已大量进入农田。

一般进入土壤中的铅在土壤中易与有机物结合，极难溶解，土壤铅大多发现在表土层，表土铅在土壤中几乎不向下移动。

铅对植物的危害表现为

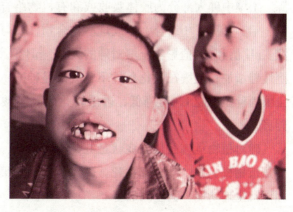

血铅超标危害儿童健康

叶绿素下降，阻碍植物的呼吸及光合作用。谷类作物吸铅量较大，但多数集中在根部，茎秆次之，籽实中较少。因此铅污染的土壤所生产的禾谷类茎秆不宜做饲料。

铅对动物的危害则是累积中毒。人体中铅能与多种酶结合从而干扰有机体多方面的生理活动，对全身器官产生危害。

铬

铬的污染源主要是电镀、制革废水、铬渣等。铬在土壤中主要有两种价态：Cr^{6+} 和 Cr^{3+}。两种价态的行为极为不同，前者活性低而毒性高，后者恰恰相反。Cr^{3+} 主要存在于土壤与沉积物中，Cr^{6+} 主要存在于水中，但易被 Fe^{2+} 和有机物等还原。

植物吸收铬约95%留在根部。据研究，低浓度的 Cr^{6+} 能提高植物体内酶活性与葡萄糖含量，高浓度时则阻碍水分和营养向上部输送，并破坏代谢作用。

铬对人体与动物也是有利有弊。人体中含铬过低会产生食欲减退症状。但饮水中铬超标400倍时，会发生口角糜烂、腹泻、消化功能紊乱等症状。

砷

土壤砷污染主要来自大气降尘与含砷农药。燃煤是大气中砷的主要污染源。土壤中砷大部分为胶体吸收或和有机物络合—螯合或和磷一样与土壤中铁、铝、钙离子相结合，形成难溶化合物，或与铁、铝等氢氧化物发生共沉淀。pH 值和 Eh 值影响土壤对砷的吸附。pH 值高时，土壤砷吸附量减少而水溶性砷增加；土壤在氧化条件下，大部是砷酸，砷酸易被胶体吸附，而增加土壤固砷量。随 Eh 值降低，砷酸转化为亚砷酸，可促进砷的可溶性，增加砷害。

砷对植物危害的最初症状是叶片卷曲枯萎，进一步是根系发育受阻，最后是植物根、茎、叶全部枯死。砷对人体危害很大，它能使红细胞溶解，破坏正常生理功能，甚至致癌等。

重金属

对什么是重金属目前尚无严格的定义，化学上跟据金属的密度把金属分成重金属和轻金属，常把密度大于 $4.5g/cm^3$ 的金属称为重金属，如金、银、铜、铅、锌、镍、钴、铬、汞、镉等大约45种。

从环境污染方面所说的重金属是指汞、镉、铅、铬以及类金属砷等生物毒性显著的重金属。对人体毒害最大的有5种：铅、汞、铬、砷、镉。这些重金属在水中不能被分解，人饮用后毒性放大，与水中的其他毒素结合生成毒性更大的有机物或无机物。

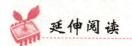

延伸阅读

废旧电池污染

废旧电池潜在的污染已引起社会各界的广泛关注。我国是世界上头号干电池生产和消费大国，有资料表明，我国目前有1 400多家电池生产企业，1980年干电池的生产量已超过美国而跃居世界第一。1998年我国干电池的生产量达到140亿节，而同年世界干电池的总产量约为300亿节。

如此庞大的电池数量，使得一个极大的问题暴露出来，那就是如何让这么多的电池不去破坏污染我们生存的环境。据我们调查，废旧电池内含有大量的重金属以及废酸、废碱等电解质溶液。如果随意丢弃，腐败的电池会破坏我们的水源，侵蚀我们赖以生存的庄稼和土地，我们的生存环境面临着巨大的威胁。如果一节一号电池在地里腐烂，它的有毒物质能使一平方米的土地失去使用价值；扔一粒纽扣电池进水里，它其中所含的有毒物质会造成60万升水体的污染，相当于一个人一生的用水量；废旧电池中含有重金属镉、铅、汞、镍、锌、锰等，其中镉、铅、汞是对人体危害较大的物质。而镍、锌等金属虽然在一定浓度范围内是有益物质，但在环境中超过极限，也将对

约圈饼。7 年前寄生虫侵入密尔沃基供水系统，造成 100 人死亡、40 万人致病后，水质问题备受关注，如今纽约市民每天生活在饮水不净的威胁下。1998 年，美国总统克林顿宣布了一项投资 23 亿美元的清洁水行动计划，治理美国已受污染 40% 的水域。

虽然人们已经认识到污染江河湖泊等天然水资源的恶果，并着手进行治理，但毕竟已经遭受了巨大的损失，虽已醒悟但为时较晚。

水污染主要是由人类活动产生的污染物造成，它包括工业污染源、农业污染源和生活污染源三大部分。

工业废水是水域的重要污染源，具有量大、面积广、成分复杂、毒性大、不易净化、难处理等特点。据 1998 年中国水资源公报资料显示：这一年，全国废水排放总量共 539 亿吨（不包括火直电流冷却水），其中，工业废水排放量 409 亿吨，占 69%。实际上，排污水量远远超过这个数，因为许多乡镇企业工业污水排放量难以统计。

工业废水

水体富营养化

农业污染源包括牲畜粪便、农药、化肥等。农药污水中，一是有机质、植物营养物及病原微生物含量高，二是农药、化肥含量高。中国目前没开展农业方面的监测，据有关资料显示，在 1 亿公顷耕地和 220 万公顷草原上，每年使用农药 110.49

万吨。中国是世界上水土流失最严重的国家之一，每年表土流失量约 50 亿吨，致使大量农药、化肥随表土流入江、河、湖、库，随之流失的氮、磷、钾营养元素，使 2/3 的湖泊受到不同程度富营养化污染的危害，造成藻类以及其他生物异常繁殖，引起水体透明度和溶解氧的变化，从而致使水质恶化。

生活污染源主要是城市生活中使用的各种洗涤剂和污水、垃圾、粪便等，多为无毒的无机盐类，生活污水中含氮、磷、硫多，致病细菌多。据调查，1998 年中国生活污水排放量 184 亿吨。

生活污水

中国每年约有 1/3 的工业废水和 90% 以上的生活污水未经处理就排入水域，全国有监测的 1 200 多条河流中，目前 850 多条受到污染，90% 以上的城市水域也遭到污染，致使许多河段鱼虾绝迹，符合国家一级和二级水质标准的河流仅占 32.2%。污染正由浅层向深层发展，地下水和近海域海水也正在受到污染，我们能够饮用和使用的水正在不知不觉地减少。

日趋加剧的水污染，已对人类的生存安全构成重大威胁，成为人类健康、经济和社会可持续发展的重大障碍。据世界权威机构调查，在发展中国家，各类疾病有 80% 是因为饮用了不卫生的水而传播的，每年因饮用不卫生水至少造成全球 2 000 万人死亡，因此，水污染被称作"世界头号杀手"。

水体污染影响工业生产、增大设备腐蚀、影响产品质量，甚至使生产不能进行下去。水的污染又影响人民生活，破坏生态，直接危害人的健康，损害很大。

（1）危害人的健康水污染后，通过饮水或食物链，污染物进入人体，使人急性或慢性中毒。砷、铬、铵类等还可诱发癌症。被寄生虫、病毒或其他致病菌污染的水，会引起多种传染病和寄生虫病。重金属污染的水对人的健康均有危害。被镉污染的水、食物，人饮食后，会造成肾、骨骼病变，摄入硫酸镉20毫克，就会造成死亡。铅造成的中毒，引起贫血，神经错乱。六价铬有很大毒性，引起皮肤溃疡，还有致癌作用。饮用含砷的水，会发生急性或慢性中毒。砷使许多酶受到抑制或失去活性，造成机体代谢障碍，皮肤角质化，引发皮肤癌。有机磷农药会造成神经中毒，有机氯农药会在脂肪中蓄积，对人和动物的内分泌、免疫功能、生殖功能均造成危害。稠环芳烃多数具有致癌作用。氰化物也是剧毒物质，进入血液后，与细胞的色素氧化酶结合，使呼吸中断，造成呼吸衰竭窒息死亡。我们知道，世界上80%的疾病与水有关。伤寒、霍乱、胃肠炎、痢疾、传染性肝炎是人类五大疾病，均由水的不洁引起。

（2）对工农业生产的危害水质污染后，工业用水必须投入更多的处理费用，造成资源、能源的浪费，食品工业用水要求更为严格，水质不合格会使生产停顿。这也是工业企业效益不高，产品质量不好的因素。农业使用污水，使作物减产，品质降低，甚至使人畜受害，大片农田遭受污染，降低土壤质量。海洋污染的后果也十分严重，如石油污染，造成海鸟和海洋生物死亡。

（3）水的富营养化的危害在正常情况下，氧在水中有一定溶解度。溶解氧不仅是水生生物得以生存的条件，而且氧参加水中的各种氧化－还原反应，促进污染物转化降解，是天然水体具有自净能力的重要原因。含有大量氮、磷、钾的生活污水的排放，大量有机物在水中降解放出营养元素，促进水中藻类丛生，植物疯长，使水体通气不良，溶解氧下降，甚至出现无氧层。以致使水生植物大量死亡，水面发黑，水体发臭形成"死湖"、"死河"、"死海"，进而变成沼泽。这种现象称为水的富营养化。富营养化的水臭味大、颜色深、细菌多，这种水的水质差，不能直接利用，造成鱼大量死亡。

 知识点

地下水

地下水存在于地壳岩石裂缝或土壤空隙中的水。广泛埋藏于地表以下的各种状态的水，统称为地下水。大气降水是地下水的主要来源。根

据地下埋藏条件的不同，地下水可分为上层滞水、潜水和自流水 3 大类。

上层滞水是由于局部的隔水作用，使下渗的大气降水停留在浅层的岩石裂缝或沉积层中所形成的蓄水体。

潜水是埋藏于地表以下第一个稳定隔水层上的地下水，通常所见到的地下水多半是潜水。当潜水流出地面时就形成泉。

自流水是埋藏较深的、流动于两个隔水层之间的地下水。这种地下水往往具有较大的水压力，特别是当上下两个隔水层呈倾斜状时，隔层中的水体要承受更大的水压力。当井或钻孔穿过上层顶板时，强大的压力就会使水体喷涌而出，形成自流水。

 延伸阅读

"绿色宝库"与"人造沙漠"

养育着亿万生灵的地球，已经度过了 46 亿个春秋。在这漫长的岁月中，地球从单纯的物理环境进入到化学环境，为生物的产生和发展提供了条件。

大自然的发展和进化是相辅相成的。生物圈的形成和作用促使了土壤圈的产生，土壤圈又反过来大大地促进了生物圈的发展。从无机到有机，从环境到生物，再从生物到环境。这一往复循环的过程告诉我们，单纯的生物并不就是生命。生命应该是生物加环境。如果破坏了生物赖以生存的环境，生物也就不复存在。

但是，对生物和环境之间的辩证关系，人类是通过长期的实践后才逐步认识的。即使在科学发达的今天，仍然有许多人对它不甚了解。也正因为如此，自然环境才遭到如此破坏。就举世闻名的"动植物王国"西双版纳来说，国家在此划定的 4 个自然保护区中，大勐龙已被彻底破坏，其他 3 个的面积也在逐年缩小。西双版纳原有独特的珍稀动植物，如亚洲象、印度野牛、长臂猿、犀鸟、孔雀、孟加拉虎以及望天树、云南石樟、番龙眼、山桂花、清香木等，都面临灭绝或逐渐消失的境地。

我国另一个原来保护得较好的原始森林——湖北西北部的神农架，树木也遭到严重破坏。被联合国有关机构列为国际自然保护区以及"人与动物圈"生态系统定位研究站的广东鼎湖山，在1955年还有数量众多的老虎、豹、大灵猫等兽类，后来由于各种原因早已绝迹；原有的大量珍禽异鸟，现在数量也十分稀少。

以上列举的现象是相当普遍和严重的，它使得我国的自然环境和生物资源遭到惊人的浩劫。其实，大自然的生态平衡受到破坏，遭难的不仅是珍稀动植物，它还必然危及人类的生活和生存。海南岛几乎3/4的原始森林遭到破坏后，岛上雨量明显减少，水土大量流失。森林的破坏，也导致气候变异，严重影响农业。长此下去，"绿色宝库"就有可能变成"人造沙漠"。

农药残留

农药残留，是农药使用后一个时期内没有被分解而残留于生物体、收获物、土壤、水体、大气中的微量农药原体、有毒代谢物、降解物和杂质的总称。一般来说，施用于作物上的农药，其中一部分附着于作物上，一部分散落在土壤、大气和水等环境中，环境残存的农药中的一部分又会被植物吸收。残留农药直接通过植物果实或水、大气到达人、畜体内，或通过环境、食物链最终传递给人、畜。

目前使用的农药，有些在较短时间内可以通过生物降解成为无害物质，而包括DDT在内的有机氯类农药难以降解，则是残留性强的农药（见有机氯农药污染）。根据残留的特性，可把残留性农药分为3种：容易在植物机体内残留的农药称为植物残留性农药，如六六六、异狄氏剂等；易于在土壤中残留的农药称为土壤残留性农药，如艾氏剂、狄氏剂等；易溶于水，而长期残留在水中的农药称为水体残留性农药，如异狄氏剂等。残留性农药在植物、土壤和水体中的残存形式有两种：一种是保持原来的化学结构，另一种以其化学转化产物或生物降解产物的形式残存。

农药残留问题是随着农药大量生产和广泛使用而产生的。第二次世界大战以前，农业生产中使用的农药主要是含砷或含硫、铅、铜等的无机物，以及除虫菊酯、尼古丁等来自植物的有机物。第二次世界大战期间，人工合成有机农药开始应用于农业生产。到目前为止，世界上化学农药年产量近200万吨，约有1 000多种人工合成化合物被用作杀虫剂、杀菌剂、杀藻剂、除虫剂、落叶剂等类农药。农药尤其是有机农药大量施用，造成严重的农药污染问题，成为对人体健康的严重威胁。

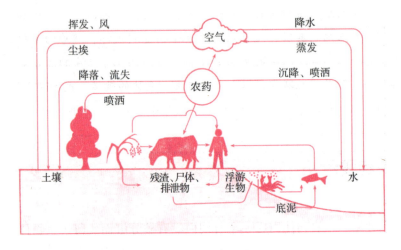

农药污染途径

残留在土壤中的农药通过植物的根系进入植物体内。不同植物机体内的农药残留量取决于它们对农药的吸收能力。不同植物对艾氏剂的吸收能力为：花生>大豆>燕麦>大麦>玉米。农药被吸收后，在植物体内分布量的顺序是：根>茎>叶>果实。

农药进入河流、湖泊、海洋，造成农药在水生生物体中积累。在自然界的鱼类机体中，含有机氯杀虫剂相当普遍，浓缩系数为5～40 000倍。

导致和影响农药残留的原因有很多，其中农药本身的性质、环境因素以及农药的使用方法是影响农药残留的主要因素。

农药性质与农药残留

现已被禁用的有机砷、汞等农药，由于其代谢产物砷、汞最终无法降解而残存于环境和植物体中。

六六六、滴滴涕等有机氯农药和它们的代谢产物化学性质稳定，在农作物及环境中消解缓慢，同时容易在人和动物体脂肪中积累。因而虽然有机氯农药及其代谢物毒性并不高，但它们的残毒问题仍然存在。

有机磷、氨基甲酸酯类农药化学性质不稳定，在施用后，容易受外界条件影响而分解。但有机磷和氨基甲酸酯类农药中存在着部分高毒和剧毒品种，如甲胺磷、对硫磷、涕灭威、克百威、水胺硫磷等，如果被施用于生长期较短、连续采收的蔬菜，则很难避免因残留量超标而导致人畜中毒。

另外，一部分农药虽然本身毒性较低，但其生产杂质或代谢物残毒较高，如二硫代氨基甲酸酯类杀菌剂生产过程中产生的杂质及其代谢物乙撑硫脲属致癌物，三氯杀螨醇中的杂质滴滴涕、丁硫克百威、丙硫克百威的主要代谢物克百威和3－羟基克百威等。

农药的内吸性、挥发性、水溶性、吸附性直接影响其在植物、大气、水、土壤等周围环境中的残留。

温度、光照、降雨量、土壤酸碱度及有机质含量、植被情况、微生物等环境因素也在不同程度上影响着农药的降解速度，影响农药残留。

有机磷农药

使用方法与农药残留

一般来讲，乳油、悬浮剂等用于直接喷洒的剂型对农作物的污染相对要大一些。而粉剂由于其容易飘散而对环境和施药者的危害更大。

任何一个农药品种都有其适合的防治对象、防治作物，有其合理的施药时间、使用次数、施药量和安全间隔期（最后一次施药距采收的安全间隔时间）。合理施用农药能在有效防治病虫草害的同时，减少不必要的浪费，降低农药对农副产品和环境的污染，而不加节制地滥用农药，必然导致对农产品的污染和对环境的破坏。

农药残留的危害

农药进入粮食、蔬菜、水果、鱼、虾、肉、蛋、奶中，造成食物污染，危害人的健康。一般有机氯农药在人体内代谢速度很慢，累积时间长。有机氯在人体内残留主要集中在脂肪中。如 DDT 在人的血液、大脑、肝和脂肪组织中含量比例为 $1:4:30:300$；狄氏剂为 $1:5:30:150$。由于农药残留对人和生物危害很大，各国对农药的施用都进行严格的管理，并对食品中农药残留容许量做了规定。如日本对农药实行登记制度，一旦确认某种农药对人畜有害，政府便限制或禁止销售和使用。

降　解

降解指高分子聚合物达到生命周期的终结。塑料降解是使聚合物分子量下降、聚合物材料（塑料）物性下降。典型表现是：塑料发脆、破裂、变软、增硬、丧失力学强度等。塑料的老化、劣化就是一种降解现象。但一般塑料要降解为对环境无害（或少害化）的碎片或变成 CO_2 和水，回归自然循环，需经历几十年、上百年的时间。

草原上的食物链

草原上，狼吃羊和马，是人和牲畜的大敌，但是狼也吃田鼠、野兔和黄羊，田鼠、野兔、黄羊等又吃草，草又是羊和马的主要粮食，羊和马又是人的主要食物来源，草原是一个伟大的母亲，养育着她的子民们，这些生物组成了一个庞大的草原生物王国，形成了环环相扣的食物链，它们相互制约相互繁衍，与草原共同生存了几万年。可是有一天，蒙古人来到了草原，看到狼吃牛羊，觉得狼是牛羊的大敌，就采用了各种方法消灭狼，甚至举枪射杀狼群，他们想保护他们的牛羊。

可是他们忘了，狼对于草原也是有利的，因为狼也吃田鼠、黄羊等草原上的大害，才使得草原上没有太多的田鼠、黄羊，这样也保住了绿草，使得牛羊有充足的食物来源。牛壮羊肥，人民才能安居乐业。经过一段时间的杀戮，终于有一天，狼群被杀得七零八落，杳无音迹。他们以为这样牛羊就会多起来，可是事情并不是这样的，狼口脱生的田鼠野兔黄羊等大量繁殖，将一大片一大片的绿草吃光，经常将草连根拔起。

草原失去了青青绿草，处处是裸露的黄色肌肤，一起风，黄沙漫天，遮天蔽日，许多地方变成了沙漠，整个草原笼罩在呛人的沙尘细粉之中，牛羊因为没有了鲜嫩的绿草，数量急剧减少。人们再也看不到一望无际辽阔的大草原了，再也没有"风吹草低见牛羊"的草原放牧了。可怜的人们啊，急功近利，破坏了食物链，最终也破坏了自己生活的美好家园。

海洋污染

海洋面积辽阔，储水量巨大，因而长期以来是地球上最稳定的生态系统。由陆地流入海洋的各种物质被海洋接纳，而海洋本身却没有发生显著的变化。然而近几十年，随着世界工业的发展，海洋的污染也日趋严重，使局部海域环境发生了很大变化，并有继续扩展的趋势。

海洋的污染主要是发生在靠近大陆的海湾。由于密集的人口和工业，大量的废水和固体废物倾入海水，加上海岸曲折造成水流交换不畅，使得海水的温度、pH 值、含盐量、透明度、生物种类和数量等性状发生改变，对海洋的生态平衡构成危害。目前，海洋污染突出表现为石油污染、赤潮、有毒物质累积、塑料污染和核污染等几个方面，污染最严重的海域有波罗的海、地中海、东京湾、纽约湾、墨西哥湾等。就国家来说，沿海污染严重的是日本、美国、西欧诸国和前苏联。我国的渤海湾、黄海、东海和南海的污染状况也相当严重，虽然汞、镉、铅的浓度总体上尚在标准允许范围之内，但已有局部的超标区，石油和 COD 在各海域中有超标现象。其中污染最严重的渤海，由于污染已造成渔场外迁、鱼群死亡、赤潮泛滥、有些滩涂养殖场荒废、一些珍贵的海生资源正在丧失。

污染海洋的物质众多，从形态上分有废水、废渣和废气。根据污染物的性质和毒性，以及对海洋环境造成危害的方式，大致可以把污染物的种类分为以下几类：

石油及其产品

包括原油和从原油中分馏出来的溶剂油、汽油、煤油、柴油、润滑油、石蜡、沥青等等，以及经过裂化、催化而成的各种产品。目前每年排入海洋的石油污染物约 1 000 万吨，主要是由工业生产，包括海上油井管道泄漏、油轮事故、船舶排污等造成的，特别是一些突发性的事故，一次泄漏的石油

海洋石油污染

量可达 10 万吨以上，这种情况的出现，大片海水被油膜覆盖，将使海洋生物大量死亡，严重影响海产品的价值，以及其他海上活动。

重金属和酸碱

包括汞、铜、锌、钴、镉、铬等重金属，砷、硫、磷等非金属以及各种酸和碱。由人类活动而进入海洋的汞，每年可达万吨，已大大超过全世界每年生产约 9 000 吨汞的记录，这是因为煤、石油等在燃烧过程中，会使其中含有的微量汞释放出来，逸散到大气中，最终归入海洋，估计全球在这方面污染海洋的汞每年约 4 000 吨。镉的年产量约 1.5 万吨，据调查镉对海洋的污染量远大于汞。随着工农业的发展通过各种途径进入海洋的某些重金属和非金属，以及酸碱等的量，呈增长趋势，加速了对海洋的污染。

农　药

　　包括有农业上大量使用含有汞、铜以及有机氯等成分的除草剂、灭虫剂，以及工业上应用的多氯酸苯等。这一类农药具有很强的毒性，进入海洋经海洋生物体的富集作用，通过食物链进入人体，产生的危害性就更大，每年因此中毒的人数多达 10 万人以上，人类所患的一些新型的癌症与此也有密切关系。

有机物质和营养

　　盐类：这类物质比较繁杂，包括工业排出的纤维素、糖醛、油脂；生活污水的粪便、洗涤剂和食物残渣，以及化肥的残液等。这些物质进入海洋，造成海水的富营养化，能促使某些生物急剧繁殖，大量消耗海水中的氧气，易形成赤潮，继而引起大批鱼虾贝类的死亡。

放射性核素

　　是由核武器试验、核工业和核动力设施释放出来的人工放射性物质，主要是 ^{90} 锶、^{137} 铯等半衰期为 30 年左右的同位素。据估计目前进入海洋中的放射性物质总量为 2 亿 ~ 6 亿居里，这个量的绝对值是相当大的，由于海洋水体庞大，在海水中的分布极不均匀，在较强放射性水域中，海洋生物通过体表吸附或通过食物进入消化系统，并逐渐积累在器官中，通过食物链作用传递给人类。

固体废物

　　主要是工业和城市垃圾、船舶废弃物、工程渣土和疏浚物等。据估计，全世界每年产生各类固体废弃物约百亿吨，若 1% 进入海洋，其量也达亿吨。这些固体废弃物严重损害近岸海域的水生资源，破坏沿岸景观。

废　热

　　工业排出的热废水造成海洋的热污染，在局部海域，如有比原正常水温高出 4℃ 以上的热废水常年流入时，就会产生热污染，将破坏生态平衡和减少水中溶解氧。

SINUE DIQIU DE ZAINAN HUANJING WURAN

上述各类污染物质大多是从陆上排入海洋的，也有一部分是由海上直接进入或是通过大气输送到海洋的。这些污染物质在各个水域分布是极不均匀的，因而造成的不良影响也不完全一样。

由于海洋的特殊性，海洋污染与大气、陆地污染有很多不同，其突出的特点：

一是污染源广，不仅人类在海洋的活动可以污染海洋，而且人类在陆地和其他活动方面所产生的污染物，也将通过江河径流、大气扩散和雨雪等降水形式，最终都将汇入海洋。

二是持续性强，海洋是地球上地势最低的区域，不可能像大气和江河那样，通过一次暴雨或一个汛期，使污染物转移或消除；一旦污染物进入海洋后，很难再转移出去，不能溶解和不易分解的物质在海洋中越积越多，往往通过生物的浓缩作用和食物链传递，对人类造成潜在威胁。

三是扩散范围广，全球海洋是相互连通的一个整体，一个海域污染了，往往会扩散到周边，甚至有的后期效应还会波及全球。

四是防治难、危害大。海洋污染有很长和积累过程，不易及时发现，一旦形成污染，需要长期治理才能消除影响，且治理费用大，造成的危害会影响到各方面，特别是对人体产生的毒害，更是难以彻底清除干净。

知识点

海　湾

海湾是一片三面环陆的海洋，另一面为海，有 U 形及圆弧形等，通常以湾口附近两个对应海角的连线作为海湾最外部的分界线。与海湾相对的是三面环海的海岬。海湾所占的面积一般比峡湾为大。世界上面积超过 100 万平方千米的大海湾共有 5 个，即位于印度洋东北部的孟加拉湾。位于大两洋西部美国南部的墨西哥湾，位于非洲中部西岸的几内亚湾，位于太平洋北部的阿拉斯加湾，位于加拿大东北部的哈德逊湾。

石油污染重大污染事件

1967年3月，利比里亚油轮"托雷峡谷"号在英国锡利群岛附近海域沉没，12万吨原油倾入大海，浮油漂至法国海岸。

1978年3月，利比里亚油轮"阿莫科·加的斯"号在法国西部布列塔尼附近海域沉没，23万吨原油泄漏，沿海400千米区域受到污染。

1979年6月，墨西哥湾一处油井发生爆炸，100万吨石油流入墨西哥湾，产生大面积浮油。

1989年3月，美国埃克森公司"瓦尔德斯"号油轮在阿拉斯加州威廉王子湾搁浅，泄漏5万吨原油。沿海1 300千米区域受到污染，当地鲑鱼和鲱鱼近于灭绝，数十家企业破产或濒临倒闭。这是美国历史上最严重的海洋污染事故。

1991年1月，海湾战争期间，伊拉克军队撤出科威特前点燃科威特境内油井，多达100万吨石油泄漏，污染沙特阿拉伯西北部沿海500千米区域。

1992年12月，希腊油轮"爱琴海"号在西班牙西北部拉科鲁尼亚港附近触礁搁浅，后在狂风巨浪冲击下断为两截，至少6万多吨原油泄漏，污染加利西亚沿岸200千米区域。

1996年2月，利比里亚油轮"海上女王"号在英国西部威尔士圣安角附近触礁，14.7万吨原油泄漏，致死超过2.5万只水鸟。

1999年12月，马耳他籍油轮"埃里卡"号在法国西北部海域遭遇风暴，断裂沉没，泄漏1万多吨重油，沿海400千米区域受到污染。

2002年11月，利比里亚籍油轮"威望"号在西班牙西北部海域解体沉没，至少6.3万吨重油泄漏。法国、西班牙及葡萄牙共计数千千米海岸受污染，数万只海鸟死亡。

2007年11月，装载4 700吨重油的俄罗斯油轮"伏尔加石油139"号在刻赤海峡遭遇狂风，解体沉没，3 000多吨重油泄漏，致出事海域遭严重污染。

2010年4月，位于美国南部墨西哥湾的"深水地平线"钻井平台发生爆炸，事故造成的原油泄漏形成了一条长达100多千米的污染带，造成严重污染。

2010年7月16日18时20分，在"宇宙宝石"油轮已暂停卸油作业的情况下，辉盛达公司和祥诚公司继续向输油管道中注入含有强氧化剂的原油脱硫剂，造成输油管道内发生化学爆炸，大火顷刻而发，迅速殃及大连保税区油库，一个10万立方米油罐爆裂起火。导致1 500吨原油泄漏，曾经碧波荡漾的大连湾油污遍布。

固体废弃物污染

固体废弃物指的是人类在生产和生活中丢弃的固体和泥状物，如采矿业的废石、尾矿、煤矸石，工业生产中的高炉渣、钢渣，农业生产中的秸秆、人畜粪便，核工业及某些医疗单位的放射性废料，城市垃圾等等。若不及时清除，必然会对大气、土壤、水体造成严重污染，导致蚊蝇孳生、细菌繁殖，使疾病迅速传播，危害人体健康。

固体垃圾成山

对水环境的污染

垃圾在堆置或填埋工程中，产生大量酸性、碱性的有毒物质；工业、生活排放出来的含汞、铅、镉等废水，渗透到地表水或地下水造成水体黑臭，地下水浅层不能使用、水质恶化；全国60%的河流存在的氨氮、挥发酚、高锰酸盐污染，氟化物严重超标，水体丧失自净功能，影响水生物繁殖和水资源利用。

对大气环境的污染

在垃圾区，由于焚烧或长时间的堆放，垃圾腐烂霉变，释放出大量恶臭、含硫等有毒气体，粉尘和细小颗粒物随风飞扬，致使空气中二氧化硫悬浮颗粒物超标。酸雨现象、扬尘污染频频发生。

固体垃圾污染水源

侵蚀土地

据统计，中国每年产生垃圾30亿吨，约有2万平方米耕地被迫用于堆置存放垃圾。土地退化，荒漠化现象非常严重。更是由于大量塑料袋、废金属等有毒物质直接填埋或遗留土壤中，难以降解严重腐蚀土地，致使土质硬化、碱化，保水保肥能力下降，农作物减产，甚至绝产，影响农作物质量。

对人体健康的危害

垃圾中，有毒气体随风飘散，空气中二氧化硫、铅含量升高，使呼吸道疾病发病率升高，对人体构成致癌隐患。地下水污染物含量超标，引发腹泻、血吸虫、沙眼，例如，贵阳市发生痢疾流行，其原因是地下水被垃圾渗透，大肠杆菌严重超标引起的。

对经济发展的影响

据调查，中国70%的垃圾存在着利用价值，如果全部回收利用，每年可获利160亿元，对于经济发展和增加就业岗位极为有利。反之，则会造成资源的更大浪费，资源紧张和生态失调局面日趋加重。最终，势必将影响与阻碍经济的顺利发展。

目前世界上生活垃圾处理主要是卫生填埋、堆肥和焚烧3种方式，混入生活垃圾的废旧电池在这3个过程中的污染作用体现在：

填埋：废旧电池的重金属通过渗滤作用污染水体和土壤。

焚烧：废旧电池在高温下，腐蚀设备，某些重金属在焚烧炉中挥发于飞灰中，造成大气污染；焚烧炉底重金属堆积，给产生的灰渣造成污染。

堆肥：废旧电池的重金属含量较高，造成堆肥的质量下降。

再利用：一般采用反射炉火冶金法，工艺虽然容易掌握但是回收率只有82%，其余的铅以气体和粉尘的形态出现，同时冶炼过程中的二氧化硫会进入空气中，造成二次污染，直接危害操作工人的健康。

无害化和资源化处理废旧电池迫在眉睫。由于废旧电池的成分包含有可利用的金属部分，使得回收利用能产生一定经济价值，实现资源化。据不完全统计，全国每年生产的电池达到15亿节，这些电池含锌皮38 200吨、铜帽600吨、铁皮29 600吨、汞2.48吨等。

为了保护环境，可以考虑使用不含汞和镉的环保电池，同时要积极做环境的保护者，宣传废旧电池的危害性，倡导回收电池，共同保护美好家园。

 知识点

尾矿

尾矿是选矿中分选作业的产物之一，其中有用目标组分含量最低的部分称为尾矿。在当前的技术经济条件下，已不宜再进一步分选。但随着生产科学技术的发展，有用目标组分还可能有进一步回收利用的经济价值。尾矿并不是完全无用的废料，往往含有可作其他用途的组分，可以综合利用。实现无废料排放，是矿产资源得到充分利用和保护生态环境的需要。

 延伸阅读

地热开发带来的环境污染

地热，素称第四能源。在世界能源日趋紧张的形势下，地热的开发利用

已越来越引起众多国家的重视。我国是一个地热资源十分丰富的国家，已经发现的温泉点有 2 600 多处。地热的取得，不要燃料，从防止大气污染的角度来看，地热是一种很理想的能源。然而，地热的开发，也会带来一些环境问题。

如果大量抽提地下热水，会导致局部范围的地面下沉，带来道路毁坏、地下管道破裂、水利设施和地面建筑物破坏的后果。新西兰陶波湖北部的怀拉基地热发电部，因耗费了大量的地下热水而发生地面下沉。下沉范围直径约 1 000 米。自 1958 年以来已下沉 6 米，平均每年下沉约 15 厘米。我国天津市有 3 个地热区，也出现了地面沉降，有的下沉超过 1 米。另外，地下热水的水位下降，使含水层上部空间拉大，积聚的蒸汽量剧增，因而气压加大。有人担心会引起水热爆炸。

地下热水由于温度高，压力大，溶解围岩中化学物质的能力较强，所以，含有几十种化学元素。其中有一些是对人体有害的。如氟、砷和某些放射性元素等。地下热水的含氟量一般较高。如日本多摩川地下热水含氟 60.0 毫克/千克，昭和新的喷气含氟 238 毫克/千克，我国西藏羊八井为 13.0 毫克/千克，均已超过卫生标准（1.0 毫克/千克）。

有些地区地下热水被开发利用后就地排放，造成有害元素对饮水水源的污染。在没有大河流的平原地区，如果地下热水排放不当，势必造成对饮水水源的氟、砷等污染，引起氟中毒、砷中毒一类地方病。世界各国许多地区都是氟中毒病区。

有些地方用低温地下热水直接灌溉农田或养鱼等。这些农田里长出的粮食、蔬菜、水果等，人吃了会不会影响健康？用这种水养鱼，水中的氟、砷等元素会不会在鱼体内富集？吃了这种鱼，对人体有无影响？这些都尚待研究。

白色污染

伴随人们生活节奏的加快，社会生活正向便利化、卫生化发展。为了顺应这种需求，一次性泡沫塑料饭盒、塑料袋、筷子、水杯等开始频繁地进入人们的日常生活。这些使用方便、价格低廉的包装材料的出现给人们的生活带来了诸多便利，但另一方面，这些包装材料在使用后往往被随手丢弃，造成"白色污染"，形成环境危害，成为极大的环境问题。

所谓"白色污染"是指由农用薄膜、包装用塑料膜、塑料袋和一次性塑料餐具（以上统称塑料包装物）的丢弃所造成的环境污染。由于废旧塑料包装物大多呈白色，因此称之为"白色污染"。我国是世界上十大塑料制品生产和消费国之一，所以"白色污染"日益严重。1995年全国塑料消费总量约1 100万吨，其中包装用塑料达211万吨。包装用塑料的大部分以废旧薄膜、塑料袋和泡沫塑料餐具的形式被任意丢弃。据调查，北京市生活垃圾的3%为废旧塑料包装物，每年产生量约为14万吨；上海市生活垃圾的7%为废旧塑料包装物，每年产生量约为19万吨。

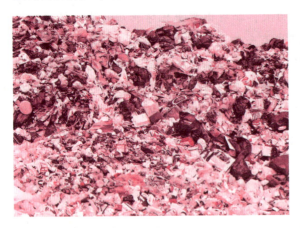

白色污染

早在40年前，人们就发现聚氯乙烯塑料中残留有氯乙烯单体。当人们接触氯乙烯后，就会出现手腕、手指浮肿，皮肤硬化等症状，还可能出现脾肿大、肝损伤等症。在我国，我们用的超薄塑料袋几乎都来自废塑料的再利用，是由小企业或家庭作坊生产的。这些生产厂所用原料是废弃塑料桶、盆、一次性针筒等。我国目前使用的塑料制品的降解时间，通常至少需要200年。若被填埋，将直接占用土地，且1 000年内难以降解。农田里的废农膜、塑料袋长期残留在田中，会影响农作物对水分、养分的吸收，抑制农作物的生长发育，造成农作物的减产。若牲畜吃了塑料膜，会引起牲畜的消化道疾病，甚至死亡。填埋作业仍是我国处理城市垃圾的一个主要方法。由于塑料膜密度小、体积大，它能很快填满场地，降低填埋场地处理垃圾的能力；而且，填埋后的场地由于地基松软，垃圾中的细菌、病毒等有害物质很容易渗入地下，污染地下水，危及周围环境。若把聚氯乙烯直接进行焚烧处理，将给环境造成严重的二次污染。塑料焚烧时，不但产生大量黑烟，而且会产生二噁英——迄今为止毒性最大的一类物质。二噁英进入土壤中，至少需15个月才能逐渐分解，它会危害植物及农作物；二噁英对动物的肝脏及脑有严重的损害作用。焚烧垃圾排放出的二噁英对环境的污染，已经成为全世界关注的一个极敏感的问题。

"白色污染"的主要危害在于视觉污染和潜在危害：

1. 视觉污染

在城市、旅游区、水体和道路旁散落的废旧塑料包装物给人们的视觉带来不良刺激，影响城市、风景点的整体美感，破坏市容、景观，由此造成视觉污染。

2. 潜在危害

废旧塑料包装物进入环境后，由于其很难降解，造成长期的、深层次的生态环境问题。第一，废旧塑料包装物混在土壤中，影响农作物吸收养分和水分，将导致农作物减产；第二，抛弃在陆地或水体中的废旧塑料包装物，被动物当作食物吞入，导致动物死亡（在动物园、牧区和海洋中，此类情况已屡见不鲜）；第三，混入生活垃圾中的废旧塑料包装物很难处理，填埋处理将会长期占用土地，混有塑料的生活垃圾不适用于堆肥处理，分拣出来的废塑料也因无法保证质量而很难回收利用。

目前，人们反映强烈的主要是视觉污染问题，而对于废旧塑料包装物长期的、深层次的潜在危害，大多数人还缺乏认识。

具体来讲，可以从以下几条来说：

第一，侵占土地过多。塑料类垃圾在自然界停留的时间也很长，一般可达200～400年，有的可达500年。

第二，污染空气。塑料、纸屑和粉尘随风飞扬。

第三，污染水体。河、海水面上漂着的塑料瓶和饭盒，水面上方树枝上挂着的塑料袋、面包纸等，不仅造成环境污染，而且如果动物误食了白色垃圾会伤及健康，甚至会因其在消化道中无法消化而活活饿死。

第四，火灾隐患。白色垃圾几乎都是可燃物，在天然堆放过程中会产生甲烷等可燃气，遇明火或自燃易引起的火灾事故不断发生，时常造成重大损失。

第五，白色垃圾可能成为有害生物的巢穴，它们能为老鼠、鸟类及蚊蝇提供食物、栖息和繁殖的场所，而其中的残留物也常常是传染疾病的根源。

第六，废旧塑料包装物进入环境后，由于其很难降解，造成长期的、深层次的生态环境问题。废旧塑料包装物混在土壤中，影响农作物吸收养分和水分，将导致农作物减产；若牲畜吃了塑料膜，会引起牲畜的消化道疾病，甚至死亡。

第七，由于塑料膜密度小、体积大，它能很快填满场地，降低填埋场地处理垃圾的能力；而且，填埋后的场地由于地基松软，垃圾中的细菌、病毒等有害物质很容易渗入地下，污染地下水，危及周围环境。

 知识点

氯乙烯

氯乙烯又名乙烯基氯，是一种应用于高分子化工的重要的单体，可由乙烯或乙炔制得。为无色、易液化气体，沸点 -13.9℃，临界温度 142℃，临界压力 5.22MPa。氯乙烯是有毒物质，肝癌与长期吸入和接触氯乙烯有关。它与空气形成爆炸混合物，爆炸极限 4% ~22%（体积），在压力下更易爆炸，贮运时必须注意容器的密闭及氮封，并应添加少量阻聚剂。

 延伸阅读

"限塑令"

塑料购物袋是日常生活中的易耗品，中国每年都要消耗大量的塑料购物袋。塑料购物袋在为消费者提供便利的同时，由于过量使用及回收处理不到位等原因，也造成了严重的能源、资源浪费和环境污染。特别是超薄塑料购物袋容易破损，大多被随意丢弃，成为"白色污染"的主要来源。目前越来

越多的国家和地区已经限制塑料购物袋的生产、销售、使用。为落实科学发展观，建设资源节约型社会和环境友好型社会，从源头上采取有力措施，督促企业生产耐用、易于回收的塑料购物袋，引导、鼓励群众合理使用塑料购物袋，促进资源综合利用，保护生态环境，进一步推进节能减排工作，我国国务院办公厅于 2007 年 12 月 31 日发布了关于限制生产、销售、使用塑料购物袋的通知，该通知被群众称为"限塑令"。

该通知中规定，从 2008 年 6 月 1 日起，在全国范围内禁止生产、销售、使用厚度小于 0.025 毫米的塑料购物袋。针对 0.025 毫米的具体指标要求，有关专家表示，目前市场 80% 以上的塑料购物袋厚度都无法达到要求，一般农贸市场提供的塑料购物袋厚度在 0.005 毫米左右，大型超市和商场提供的塑料购物袋厚度一般在 0.015 毫米至 0.020 毫米之间。

2008 年 2 月 5 日，国家标准委出台首部塑料购物袋国家标准的征求意见稿，开始向社会广泛征求意见，截止日期为 3 月 4 日。塑料购物袋国家标准由国家标准委和中国轻工业联合会完成。其中规定，塑料购物袋的厚度必须≥0.025 毫米。在颜色方面，直接接触食品用塑料购物袋应为本色。外观上，不允许出现气泡、穿孔等瑕疵。在食品安全方面，直接接触食品的塑料购物袋必须标有"食品用"字样。使用安全方面，塑料袋必须有安全性说明和警告语，如"为了避免和防止窒息等危险，请远离婴儿和幼儿"等。在环保方面，塑料袋必须标有"为了保护环境和节约资源，请多次使用"文字。同时，塑料袋应明确标识生产厂家名称，并明确标识公称承重，单位为千克。

噪声污染

物理上噪声是声源做无规则振动时发出的声音。在环保的角度上，凡是影响人们正常的学习、生活、休息等的一切声音，都称之为噪声。

判断一个声音是否属于噪声，仅从物理学角度判断是不够的，主观上的因素往往起着决定性的作用。例如，美妙的音乐对正在欣赏音乐的人来说是乐音，但对于正在学习、休息或集中精力思考问题的人可能是一种噪声。即使同一种声音，当人处于不同状态、不同心情时，对声音也会产生不同的主观判断，此时声音可能成为噪声或乐音。因此，从生理学观点来看，凡是干扰人们休息、学习和工作的声音，即不需要的声音，统称为噪声。当噪声对人及周围环境造成不良影响时，就形成噪声污染。

噪声的来源

（1）交通噪声：包括机动车辆、船舶、地铁、火车、飞机等发出的噪声。由于机动车辆数目的迅速增加，使得交通噪声成为城市的主要噪声来源。

机动车行驶产生大量噪声

（2）工业噪声：工厂的各种设备产生的噪声。工业噪声的声级一般较高，对工人及周围居民带来较大的影响。

（3）建筑噪声：主要来源于建筑机械发出的噪声。建筑噪声的特点是强度较大，且多发生在人口密集地区，因此严重影响居民的休息与生活。

（4）社会噪声：包括人们的社会活动和家用电器、音响设备发出的噪声。这些设备的噪声级虽然不高，但由于和人们的日常生活联系密切，使人们在休息时得不到安静，尤为让人烦恼，极易引起邻里纠纷。

（5）家庭生活噪声污染等。

危　害

噪声污染对人、动物、仪器仪表以及建筑物均构成危害，其危害程度主要取决于噪声的频率、强度及暴露时间。噪声危害主要包括：

（1）噪声对听力的损伤：噪声对人体最直接的危害是听力损伤。人们在进入强噪声环境时，暴露一段时间，会感到双耳难受，甚至会出现头痛等感觉。离开噪声环境到安静的场所休息一段时间，听力就会逐渐恢复正常。这种现象叫作暂时性听阈偏移，又称听觉疲劳。但是，如果人们长期在强噪声环境下工作，听觉疲劳不能得到及时恢复，且内耳器官会发生器质性病变，即形成永久性听阈偏移，又称噪声性耳聋。若人突然暴露于极其强烈的噪声环境中，听觉器官会发生急剧外伤，引起鼓膜破裂出血，迷路构造出血，螺旋器从基底膜急性剥离，可能使人耳完全失去听力，即出现暴震性耳聋。

有研究表明，噪声污染是引起老年性耳聋的一个重要原因。此外，听力的损伤也与生活的环境及从事的职业有关，如农村老年性耳聋发病率较城市为低，纺织厂工人、锻工及铁匠与同龄人相比听力损伤更多。

（2）噪声对正常生活和工作的干扰：噪声对人的睡眠影响极大，人即使在睡眠中，听觉也要承受噪声的刺激。噪声会导致多梦、易惊醒、睡眠质量下降等，突然的噪声对睡眠的影响更为突出。噪声会干扰人的谈话、工作和学习。实验表明，当人受到突然而至的噪声一次干扰，就要丧失 4 秒钟的思想集中。据统计，噪声会使劳动生产率降低 10% ~ 50%，随着噪声的增加，差错率上升。由此可见，噪声会分散人的注意力，导致反应迟钝，容易疲劳，工作效率下降，差错率上升。噪声还会掩蔽安全信号，如报警信号和车辆行驶信号等，以致造成事故。

（3）噪声能诱发多种疾病：因为噪声通过听觉器官作用于大脑中枢神经系统，以致影响到全身各个器官，故噪声除对人的听力造成损伤外，还会给人体其他系统带来危害。由于噪声的作用，会产生头痛、脑涨、耳鸣、失眠、全身疲乏无力以及记忆力减退等神经衰弱症状。长期在高噪声环境下工作的人与低噪声环境下的情况相比，高血压、动脉硬化和冠心病的发病率要高 2 ~ 3 倍。可见噪声会导致心血管系统疾病。噪声也可导致消化系统功能紊乱，引起消化不良、食欲不振、恶心呕吐，使肠胃病和溃疡病发病率升高。此外，噪声对视觉器官、内分泌功能及胎儿的正常发育等方面也会产生一定影响。在高噪声中工作和生活的人们，一般健康水平逐年下降，对疾病的抵抗力减弱，诱发一些疾病，但也和个人的体质因素有关，不可一概而论。

高强度的噪声，不仅损害人的听觉，而且对神经系统、心血管系统、内分泌系统、消化系统以及视觉、智力等都有不同程度的影响。如果人长期在 95 分贝的噪声环境里工作和生活，大约有 29% 的会丧失听力；即使噪声只有 85 分贝，也有 10% 的人会发生耳聋；120 ~ 130 分贝的噪声，能使人感到耳

内疼痛；更强的噪音会使听觉器官受到损害。在神经系统方面，强噪音会使人出现头痛、头晕、倦怠、失眠、情绪不安、记忆力减退等症候群，脑电图慢波增加，自主神经系统功能紊乱等；在心血管系统方面，强噪声会使人出现脉搏和心率改变，血压升高，心律不齐，传导阻滞，外周血流变化等；在内分泌系统方面，强噪声会使人出现甲状腺功能亢进，肾上腺皮质功能增强，基础代谢率升高，性功能减退，月经失调等；在消化系统方面，强噪声会使人出现消化功能减退，胃功能紊乱，胃酸减少，食欲不振等。总之，强噪声会导致人体一系列的生理、病理变化。有人曾对在噪声达95分贝的环境中工作的202人进行过调查，头晕的占39％，失眠的占32％，头痛的占27％，胃痛的占27％，心慌的占27％，记忆力衰退的占27％，心烦的占22％，食欲不佳的占18％，高血压的占12％。所以，我们不能对强噪声等闲视之，应采取措施加以防止。当然，人们对噪声比较敏感，各个体之间是有很大差异，有的人对噪声比较敏感，有的人对噪声有较强的适应性，也与人的需要、情绪等心理因素有关。不管人们之间的差异如何，对强噪声总是需要加以防止的。

　　孕妇长期处在超过50分贝的噪声环境中，会使内分泌腺体功能紊乱，并出现精神紧张和内分泌系统失调。严重的会使血压升高、胎儿缺氧缺血、导致胎儿畸形甚至流产。而高分贝噪声能损坏胎儿的听觉器官，致使部分区域受到影响，影响大脑的发育，导致儿童智力低下。

听　觉

　　声波作用于听觉器官，使其感受细胞处于兴奋并引起听神经的冲动以至于传入信息，经各级听觉中枢分析后引起的震生感。听觉是仅次于视觉的重要感觉通道。它在人的生活中起着重大的作用。人耳能感受的声波频率范围是16～20 000赫兹，以1 000～3 000赫兹最为敏感。除了视分析器以外，听分析器是人的第二个最重要的远距离分析器。从生物进化上看，随着专司听觉的器官的产生，声音不仅成为动物攫取食物或逃避灾难的一种信号，也成为它们彼此相互联络的一种工具。

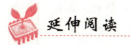 延伸阅读

噪声的利用

虽然噪声是世界四大公害之一，但它还是有用处的：

噪声除草。科学家发现，不同的植物对不同的噪声敏感程度不一样。根据这个道理，人们制造出噪声除草器。这种噪声除草器发出的噪声能使杂草的种子提前萌发，这样就可以在作物生长之前用药物除掉杂草，用"欲擒故纵"的妙策，保证作物的顺利生长。

噪声诊病。美妙、悦耳的音乐能治病，这已为大家所熟知。但噪声怎么能用于诊病呢？最近，科学家制成一种激光听力诊断装置，它由光源、噪声发生器和电脑测试器3部分组成。使用时，它先由微型噪声发生器产生微弱短促的噪声，振动耳膜，然后微型电脑就会根据回声，把耳膜功能的数据显示出来，供医生诊断。它测试迅速，不会损伤耳膜，没有痛感，特别适合儿童使用。此外，还可以用噪声测温法来探测人体的病灶。有源消声通常所采用的3种降噪措施，即在声源处降噪、在传播过程中降噪及在人耳处降噪，都是消极被动的。为了积极主动地消除噪声，人们发明了"有源消声"这一技术。它的原理是：所有的声音都由一定的频谱组成，如果可以找到一种声音，其频谱与所要消除的噪声完全一样，只是相位刚好相反（相差180°），就可以将这噪声完全抵消掉。关键就在于如何得到那抵消噪声的声音。实际采用的办法是：从噪声源本身着手，设法通过电子线路将原噪声的相位倒过来。由此看来，有源消声这一技术实际上是"以毒攻毒"。

噪声可抑制癌细胞的生长速度。德国科学家通过实验发现，在噪声环境中癌细胞的生长速度会减慢。这一发现可能将为治疗癌症开辟一条新的途径。佛莱堡医学院肿瘤科在海德堡德国音乐疗法研究中心的配合下成功地进行了这方面的初步实验。科学家们将试验皿中培养的肺癌细胞置于微型扬声器发

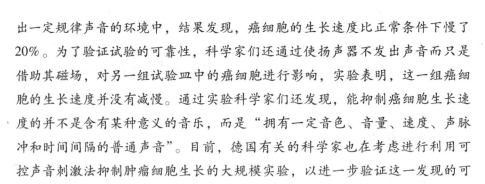

出一定规律声音的环境中，结果发现，癌细胞的生长速度比正常条件下慢了20％。为了验证试验的可靠性，科学家们还通过使扬声器不发出声音而只是借助其磁场，对另一组试验皿中的癌细胞进行影响，实验表明，这一组癌细胞的生长速度并没有减慢。通过实验科学家们还发现，能抑制癌细胞生长速度的并不是含有某种意义的音乐，而是"拥有一定音色、音量、速度、声脉冲和时间间隔的普通声音"。目前，德国有关的科学家也在考虑进行利用可控声音刺激法抑制肿瘤细胞生长的大规模实验，以进一步验证这一发现的可靠性及可利用价值。

"黑色风暴"

随着垦荒和畜牧业的发展，森林覆盖面积的减少，草原绿地的荒漠化，水土流失和土壤侵蚀的日趋严重，导致了"黑色风暴"肆虐全球。

什么是土地荒漠化？通俗地讲，就是土地变成荒漠。联合国给荒漠化下了这样的定义：荒漠化是指包括因自然变异和人类活动在内的干旱、半干旱和亚湿润地区的土地退化。其中包括：①风蚀和水蚀致使土壤物质流失；②土壤的物理、化学和生物特性或经济特性退化；③自然植被长期丧失。

土地一旦荒漠化，就会给人们的生产和生活带来灾难。沙区每年八级以上的大风日数30～100天，流沙侵袭，掩没农田、牧场、城镇、村庄、道路和水利设施，淤积河床，造成水患，污染环境。荒漠化摧毁人类赖以生存的土地和环境，导致贫困加剧和人口迁徙以至造成社会动荡。

追究荒漠化的责任，人类不合理的活动首当其冲，如耕作技术落后、乱砍滥伐、过度放牧、过度开发边远地区和过度开采地下水资源。这些极端行为破坏了植被重建和土壤稳定，使土地成为只生长不可食用的杂草或寸草不生的荒漠。当然，自然地理条件和气候大幅度变异等也是引起荒漠化的重要原因。

100多年以前，美国农民就开始大量向西部大平原迁移。美国政府划给迁去的每户农民近千亩土地，供他们耕种和放牧。此后，随着拖拉机、联合收割机和其他农业机械的大量使用，西部大平原长期形成的草地被大片大片地翻耕。从此，当干旱和大风袭来的时候，土地由于失去了天然草木的保护，裸露的表层土壤就被风吹扬起来，随风翻滚，遮天盖日，成为黑色的风暴。

1934年5月9－11日的黑色风暴，以100多千米/小时的速度，从美国西部一直刮到东部海岸，刮走了35 000万吨肥沃的表层土壤，毁坏了数千万亩的农田。风一停，尘土落下来，于是美国的大半领土铺上一层薄薄的尘土。据统计，仅芝加哥在这次黑色风暴中的降尘量就达1 200万吨，平均每个市民可分得2千克。

黑色风暴也曾在苏联作孽。20世纪50年代初，苏联为了扭转农业生产不景气的局面，缓和粮食供需矛盾，数十万拓荒者向俄罗斯东部、西伯利亚西部、哈萨克斯坦北部的草地和处女地进军，毁林造地，翻耕草原，在1953－1963年间，开垦荒地达6 000万公顷。但是，黑色的风暴也开始光顾这里了。1960年的一次黑色风暴，使垦荒区春季作物受灾面积达400万公顷以上。1963年又发生了更严重的黑色风暴，使哈萨克斯坦开垦的土地受灾面积达2 000万公顷。仅巴夫洛达州就有200万公顷以上的作物受害或被毁，有80万公顷以上的耕地被迫弃用，有20多万公顷的土地完全被沙尘覆盖。

人类开垦荒地，破坏了大自然的森林草地；而大自然却刮起了黑色风暴，毁坏人类开垦的荒地。此外，黑色风暴还使飞鸟昏死，使野兽、牲畜难于呼吸……有人断言，如果黑色风暴不断发生，人类呼吸道疾病和肺炎的发病率也会成倍地增加。这又是多么令人担忧的后果呀！

荒漠

荒漠地区为气候干燥、降水极少、蒸发强烈，植被缺乏、物理风化强烈、风力作用强劲、其蒸发量超过降水量数倍乃至数十倍的流沙、泥滩、戈壁分布的地区。主要分布在南北纬15°～50°之间的地带。其中，

15°~35°之间为副热带，是由高气压带引起的干旱荒漠带；北纬35°~50°之间为温带、暖温带，是大陆内部的干旱荒漠区。

 延伸阅读

沙尘暴天气的危害

沙尘暴天气是中国西北地区和华北北部地区出现的强灾害性天气，可造成房屋倒塌、交通供电受阻或中断、火灾、人畜伤亡等，污染自然环境，破坏作物生长，给国民经济建设和人民生命财产安全造成严重的损失和极大的危害。沙尘暴危害主要在以下几方面：

生态环境恶化

出现沙尘暴天气时狂风裹的沙石、浮尘到处弥漫，凡是经过地区空气浑浊，呛鼻迷眼，呼吸道等疾病人数增加。如1993年5月5日发生在甘肃省金昌市的强沙尘暴天气，监测到的室外空气含尘量为10~16毫克/立方厘米，室内为80毫克/立方厘米，超过国家规定的生活区内空气含尘量标准的40倍。

生产生活受影响

沙尘暴天气携带的大量沙尘蔽日遮光，天气阴沉，造成太阳辐射减少，几小时到十几个小时恶劣的能见度，容易使人心情沉闷，工作学习效率降低。轻者可使大量牲畜患染呼吸道及肠胃疾病，严重时将导致大量"春乏"牲畜死亡，刮走农田沃土、种子和幼苗。沙尘暴还会使地表层土壤风蚀、沙漠化加剧，覆盖在植物叶面上厚厚的沙尘，影响正常的光合作用，造成作物减产。沙尘暴还使气温急剧下降，天空如同撑起了一把遮阳伞，地面处于阴影之下变得昏暗、阴冷。

生命财产损失

1993年5月5日，发生在甘肃省金昌市、武威市、民勤县、白银市等地市的强沙尘暴天气，受灾农田253.55万亩，损失树木4.28万株，造成直接经济损失达2.36亿元，死亡50人，重伤153人。2000年4月12日，永昌、

金昌、威武、民勤等地市强沙尘暴天气，据不完全统计，仅金昌、威武两地市直接经济损失达 1 534 万元。

影响交通安全

沙尘天气极易诱发飞机、火车、汽车等交通事故，沙尘暴天气经常影响交通安全，造成飞机不能正常起飞或降落，使汽车、火车车厢玻璃破损、停运或脱轨。

危害人体健康

当人暴露于沙尘天气中时，含有各种有毒化学物质、病菌等的尘土可透过层层防护进入到口、鼻、眼、耳中。这些含有大量有害物质的尘土若得不到及时清理，将对这些器官造成损害，或病菌以这些器官为侵入点，引发各种疾病。

SINUE DIQIU DE ZAINAN HUANJING WURAN

环境保护刻不容缓
HUANJING BAOHU KEBURONGHUAN

　　环境污染以及由此而引发的种种问题对人类健康的侵袭日益严重，这已引起了全社会的关注。世界各国人民和政府都在积极治理环境污染，寻求人与自然和谐相处之路。治理环境污染的经验表明，有效地治理环境污染对人类的健康具有重要意义。人们也已经找到了许多治理环境污染有效的办法，如巧妙地利用绿色植物来隔离噪声，用微生物来降解白色垃圾等。

　　但是，由于环境污染积弊已深，不是几年、几十年内就可以完成治理过程的。严重的污染问题至今仍在困扰着全人类。治理环境污染需要一代人，甚至几代人的共同努力。为了人类的健康，为了人类和地球美好的明天，人们在治理环境污染方面还有很长的路要走。

大力开发太阳能

　　太阳能一般指太阳光的辐射能量。在太阳内部进行的由氢聚变成氦的原子核反应，不停地释放出巨大的能量，并不断向宇宙空间辐射能量，这种能量就是太阳能。太阳内部的这种核聚变反应，可以维持几十亿至上百亿年的时间。太阳向宇宙空间发射的辐射功率为3.8×10^{23}千瓦的辐射值，其中二十亿分之一到达地球大气层。到达地球大气层的太阳能，30% 被大气层反射，23% 被大气层吸收，其余的到达地球表面，其功率为 800 000 亿千瓦，也就是说太阳每秒钟照射到地球上的能量就相当于燃烧 500 万吨煤释放的热量。平均在大气外每平方米面积每分钟接受的能量大约 1 367 瓦。广义上的太阳能是地球上许多能量的来源，如风能、化学能、水的势能等等。狭义的太阳能则限于太阳辐射能的光热、光电和光化学的直接转换。

干净清洁的太阳能

　　人类对太阳能的利用有着悠久的历史。我国早在 2000 多年前的战国时期，就知道利用钢制四面镜聚焦太阳光来点火；利用太阳能来干燥农副产品。发展到现代，太阳能的利用已日益广泛，它包括太阳能的光热利用，太阳能的光电利用和太阳能的光化学利用等。太阳能的利用有光化学反应，被动式利用（光热转换）和光电转换两种方式。太阳能发电是一种新兴的可再生能源利用方式。

太阳能电池

　　使用太阳电池，通过光电转换把太阳光中包含的能量转化为电能，使用太阳能热水器，利用太阳光的热量加热水，并利用热水发电，利用太阳能进行海水淡化。现在，太阳能的利用还不很普及，利用太阳能发电还存在成本高、转换效率低的问题，但是太阳电池在为人造卫星提供能源方面得到了应用。

太阳能热管的样子很像一个长长的热水瓶胆。在结构上两者好像亲兄弟，有些相似。热管有一个透明的玻璃管壳，里面有一个能盛装液体或气体的吸收管。两管之间被抽成真空，成为真空夹层。这和热水瓶胆的内外层之间抽成真空是一样的，都是为了防止热量散失出去。两者所不同的是，热管的外玻璃管壳是透明的（热水瓶胆的外表面镀了一层光亮的水银），而且吸收

太阳能热水器

管的外壁上涂有一层特殊的涂层。这样，当阳光照在热管上，吸收管上的涂层就能大量吸收光能，并将光能转变成热能，从而使吸收管内装的液体或气体的温度升高。

由于热管既能充分采集光能，又具有很好的保温性能，所以它在有风的严冬，或者阳光很弱的情况下，都有着良好的集热性能，而且能提供高达100℃的热水。它比太阳能平板集热器的集热性能好，并具有拆装方便、使用寿命长等优点。

热管可以单个使用，如用在太阳能灶上；也可根据需要，用串联或并联的方法将几十支热管装在一起使用。

热管在美国使用较普遍。在一些工厂、医院、学校和机关的楼房顶上，整齐地排列着一排排热管。有一处屋顶，面积约800平方米，竟排列着8 000多支热管，甚为壮观。这些热管在一天之内可以供应大量的工业用热水，并能在一年里连续不断地为它的主人提供所需要的热能。

此外，热管还广泛用于制冷、海水淡化、空调、采暖和太阳能发电等许多方面，是一种深受人们喜爱的太阳能器具。

 知识点

核聚变

核聚变是指由质量小的原子，主要是指氘或氚，在一定条件下（如超高温和高压），发生原子核互相聚合作用，生成新的质量更重的原子核，并伴随着巨大的能量释放的一种核反应形式。原子核中蕴藏巨大的能量，原子核的变化（从一种原子核变化为另外一种原子核）往往伴随着能量的释放。如果是由重的原子核变化为轻的原子核，叫核裂变，如原子弹爆炸；如果是由轻的原子核变化为重的原子核，叫核聚变，如太阳发光发热的能量来源。

 延伸阅读

中国的太阳能资源

根据各地接受太阳总辐射量的多少，可将全国划分为五类地区。

一类地区

为中国太阳能资源最丰富的地区，年太阳辐射总量6 680～8 400 MJ/m²，相当于日辐射量5.1～6.4 kWh/m²。这些地区包括宁夏北部、甘肃北部、新疆东部、青海西部和西藏西部等地。尤以西藏西部最为丰富，最高达2 333 kWh/m²（日辐射量6.4 kWh/m²），居世界第二位，仅次于撒哈拉大沙漠。

二类地区

为中国太阳能资源较丰富地区，年太阳辐射总量为5 850－6 680 MJ/m²，相当于日辐射量4.5～5.1 kWh/m²。这些地区包括河北西北部、山西北部、内蒙古南部、宁夏南部、甘肃中部、青海东部、西藏东南部和新疆南部等地。

三类地区

为中国太阳能资源中等类型地区，年太阳辐射总量为 5 000～5 850 MJ/ m²，相当于日辐射量 3.8～4.5 kWh/ m²。主要包括山东、河南、河北东南部、山西南部、新疆北部、吉林、辽宁、云南、陕西北部、甘肃东南部、广东南部、福建南部、苏北、皖北、台湾西南部等地。

四类地区

是中国太阳能资源较差地区，年太阳辐射总量 4 200～5 000 MJ/ m²，相当于日辐射量 3.2～3.8 kWh/ m²。这些地区包括湖南、湖北、广西、江西、浙江、福建北部、广东北部、陕西南部、江苏北部、安徽南部以及黑龙江、台湾东北部等地。

五类地区

主要包括四川、贵州两省，是中国太阳能资源最少的地区，年太阳辐射总量 3 350～4 200 MJ/ m²，相当于日辐射量只有 2.5～3.2 kWh/ m²。

太阳能辐射数据可以从县级气象台站取得，也可以从国家气象局取得。从气象局取得的数据是水平面的辐射数据，包括水平面总辐射、水平面直接辐射和水平面散射辐射。

从全国来看，中国是太阳能资源相当丰富的国家，绝大多数地区年平均日辐射量在 4 kWh/ m² 以上，西藏最高达 7 kWh/ m²。

风力发电益处多

风能是太阳能的一种形式。由于太阳能辐射造成地球各部分受热不均匀，引起大气层中压力不平衡，使空气在水平方向运动形成风，空气运动产生的动能就叫风能。太阳能每年给全球的辐射能约有 2% 转变为风能，相当于 1.14×10^{16} 度电力的能量，大约为全世界每年燃烧发电量的 3 000 倍。虽然风能具有储量大、分布广、可再生和无污染等优点，但是风能亦有密度低、能量不稳定和受地形影响等缺点。因此地球上的风能资源不可能全部利用。我国有可利用的风能资源约为 2.53×10^{11} 瓦，相当于 1992 年全国发电总装机容量的 1.5 倍，平均风能密度为 100 瓦/平方米。

　　人类利用风能已有数千年的历史，埃及、巴比伦和中国等文明古国都是世界上利用风能最早的国家。风帆助航是风能利用最早的形式，直到 19 世纪，风帆船一直是海上交通运输的主要工具。风力提水是早期风能利用的主要形式，公元前 3600 年前后古埃及就使用风

风力发电

车提水、灌溉。12 世纪初风车才传入欧洲，在蒸汽机发明前，风车一直是那里的一种重要的动力源。有"低洼之国"之称的荷兰早就利用风车排水造田、磨面、榨油和锯木等，至今还有数以千计的大风车作为文物保存下来，已成为荷兰的象征。19 世纪，当欧洲风车逐渐被蒸汽机取代后，美国却在开发西部地区时使用了数百万台金属制的多叶片现代风车进行提水作业。中国利用风车提水亦有 1 700 多年历史，一直到 20 世纪中叶，仅江苏省就还有 20 余万台风车用于灌溉、排涝和制盐等。

新疆大阪城风电

　　风力发电是近代风能利用的主要形式。19 世纪末丹麦开始研制风力发电机（简称风力机），但是一直到 20 世纪 60 年代，虽然工业化国家陆续制造出一些样机，但除充电用的小型风力发电机外，都没有达到商品化的程度。1973 年石油危机发生以后，人们认识到煤炭、石油等化石燃料资源有限，终究会消耗殆尽，而且燃料燃烧所引起的空气污染和温室效应等环境问题日趋严重。为了保护我们赖以生存的地球，大力开发可再生的清洁能源，如风能、太阳能、海洋能等势在必行。风能利用又重新

受到重视，并取得了长足的进步，500 千瓦的风力发电机已进入市场，到 1993 年底全世界风力发电机装机容量约 300 万千瓦，年发电量 50 亿千瓦时。风力发电已具有与常规能源发电竞争的能力。

将风的动能转化为可利用的其他形式能量（如电能、机械能、热能等）的机械统称为风能转换装置。风力机是最通用的风能转换装置。现代风力机一般由风轮系统、传动系统、能量转换系统、保护系统、控制系统和塔架等组成。

风轮系统是风力机的核心部件，包括叶片和轮毂。风轮叶片类似于飞行器——直升机的旋翼，具有空气动力外形，叶片剖面有如飞机机翼的翼型。从叶根到叶尖，其扭角和弦长有一定的分布规律。当气流（风）流经叶片时，将产生升力和阻力。它们的合力在风轮旋转轴的垂直方向上的分量可以使风轮旋转，并带动传动轴转动，将风的动能转换成传动轴的机械能。

垂直轴风力发电机

风力机的保护系统和调节系统是保证安全和提高功能的重要部件。风力机调节系统是自动调节风轮运动参数的机构，主要由调向装置和调速装置组成。调向装置的作用是调节风轮旋转平面与气流方向相垂直，使风力机的功率输出最大。小型风力机常用尾舵调向，当风轮旋转轴与气流方向不一致时，作用在尾舵上的空气动力可使风轮旋转平面与气流方向保持一致。中大型风力机常用伺服电机，在风向标和测速电机的控制下，它可以正反转动，调整方向。

调速装置是调节风轮转速的，在风力机工作风速范围内起功率调节作用，在高风速时起保护作用。

塔架用于支撑风力机风轮、机舱等部件，将风轮置于一定高度，利用风的剪切效应，使风轮增加输出功率。例如，在乡间田野上，如果 10 米高度处的风速为 5 米/秒，那么在 20 米和 30 米高度处的风速就可分别达到 5.6 米/秒和 6 米/秒。风轮的输出功率与风速的立方成正比，当一个风轮在 5 米/秒风速时输出的功率是 100 千瓦，而在 6 米/秒风速时就可达到 173 千瓦。现代风力机在塔架底部安装有专门的电子监控系统，使各部件协调运行，并对故障情况进行监测。

风力机的形式很多，且各有特点。按风力机额定功率大小，可划分为微型（小于 1 千瓦）、小型（1~10 千瓦）、中型（10~100 千瓦）和大型（大于 100 千瓦）风力机。按照风轮旋转轴形式分，又有水平轴风力机和垂直轴风力机之别。最常见的是水平轴风力机，技术上比较成熟。垂直轴风力机与水平轴风力机相比，它可以在任意风向情况下运动，不需要调向装置；其次，发电机的位置接近地面，维修方便。垂直轴风力机的风轮有两种，一种是阻力型，常见的有萨冯尼斯风轮、还有平板式和涡轮式风轮等；另一种是升力型，常见的有 Φ 形达里厄风轮和直叶片风轮等。垂直轴风力机的缺点是起动和制动性能差。

水平轴风力机按风轮叶片数目又有单叶片、双叶片、三叶片和多叶片几种。水平轴风力机按风轮与风向和塔架的相对位置划分，有上风式和下风式风力机。风先流过风轮再通过塔架的为上风式风力机；风先流过塔架再通过风轮的为下风式风力机，它具有自动对风能力，但气流在塔架后面会形成涡流，使风轮的输出功率下降，称为塔影效应。

人类利用风能按用途分有风帆助航、风力提水、风力发电和风力致热等多种形式，其中风力发电是近代发展的最主要的形式。

尤其是近 10 年来，风力发电在世界许多国家得到了重视，发展应用很快。应用的方式主要有这么几种：①风力独立供电，即风力发电机输出的电能经过蓄电池向负荷供电的运行方式，一般微小型风力发电机多采用这种方式，适用于偏远地区的农村、牧区、海岛等地方使用。当然也有少数风能转换装置是不经过蓄电池直接向负荷供电的。②风力并网供电，即风力发电机与电网联接，向电网输送电能的运行方式。这种方式通常为中大型风力发电机所采用，稳妥易行，不需要考虑蓄能问题。③风力/柴油供电系统，即一种能量互补的供电方式，将风力发电机和柴油发电机组合在一个系统内向负荷供电。在电网覆盖不到的偏远地区，这种系统可以提供稳定可靠和持续的电能，以达到充分利用风能，节约燃料的目的。④风/光系统，即将风力发电机与太阳能电池组成一个联合的供电系统，也是一种能量互补的供电方式。在我国的季风气候区，如果采用这一系统可全年提供比较稳定的电能输出，补充当地的电力不足。

　　风力提水是早期风能利用的主要形式，至今许多国家特别是发展中国家仍在使用。风帆助航是风能利用的最早形式，现在除了仍在使用传统的风帆船外，还发展了主要用于海上运输的现代大型风帆助航船。1980 年，日本建成了世界上第一艘现代风帆助航船——"新爱德"号，它有两个面积为 15 米×8 米的矩形硬帆，其剖面为层流翼型，采用现代的空气动力学新技术。据统计，风帆作为船舶的辅助动力，可以减少燃料消耗 10% ~ 15%。

风力提水

　　风力致热是近年来开始发展的风能利用形式。它是将风轮旋转轴输出的机械能通过致热器直接转换成热能，用于温室供热、水产养殖和农产品干燥等。致热器有 2 类：①采用直接致热方式，如固体与固体摩擦致热器、搅拌液体致热器、油压阻尼致热器和压缩气体致热器等。②采用间接致热方式，如电阻致热、电涡致热和电解水制氢致热等。目前风力致热技术尚处在示范试验阶段，试验证明直接致热装置的效率要比间接致热装置的效率高，而且系统简单。

知识点

季风气候

由于海陆热力性质差异或气压带风带随季节移动而引起的大范围地区的盛行风随季节而改变的现象，称季风气候。季风气候区主要位于欧亚大陆的温带东部，我国东部地区的气候就是典型的季风气候。

季风气候是大陆性气候与海洋性气候的混合型。夏季受来自海洋的暖湿气流的影响，高温潮湿多雨，气候具有海洋性。冬季受来自大陆的干冷气流的影响，气候寒冷，干燥少雨，气候具有大陆性。

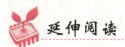

延伸阅读

百里风带——新疆达坂城

新疆风能资源丰富，总发电蕴藏量为 8 270 亿千瓦时，占全国风力发电总蕴藏量的1/10。而昔日丝路重镇、以一曲《达坂城的姑娘》名扬海内外的达坂城地区，是目前新疆九大风区中开发建设条件最好的地区。百里风带是新疆的著名风带，位于新疆达坂城山口。

百里风带，这里一年到头只刮一场风，从年初一到年三十。为了不让这资源白白浪费，政府在那建起了中国最大的风力发电厂。无数个大风车一般的风力发电机挺立在百里风带上，迎风旋转，颇为壮观。号称亚洲最大的达坂城风力发电厂就落户在那里。

新疆达坂城风力发电场坐落在达坂城山口东西长约80千米，南北宽约20千米，是南北疆气流活动的主要通道，来自西伯利亚的冷风与大沙漠蒸腾的热气激烈对流，汇聚成风由山口吹向达坂城。这股风与电网负荷线相吻合，其所发生的电网起到了一定的调峰作用，这个地区年风能蕴藏量为250亿千瓦时，可装机容量为400万千瓦。

SINUE DIQIU DE ZAINAN HUANJING WURAN

垃圾也能来发电

开发城市垃圾能源，利用城市垃圾发电，化害为利，变废为宝，不仅减少了垃圾对环境的污染，还为解决当今能源匮乏问题开创了新路，是解决日益增多的城市环境污染和日渐短缺的常规能源的一种最佳选择。专家们预言，垃圾发电在21世纪将成为能源市场的一名新主角。

垃圾，是人类在生产和生活中遗弃的废料。随着世界经济的发展，人口的急剧增长，工业和生活垃圾越来越多。如美国，每年"生产"城市生活垃圾2.5亿吨，工业垃圾22亿吨。被称为亚洲"垃圾王国"的日本，年"生产"各类垃圾3亿多吨。目前全球每年产生的垃圾总量达450亿吨，人均约8吨。其中，全球每年新增垃圾100多亿吨，递增速度高达8%～10%。如此丰富的垃圾资源已成为全球科技界开发的又一新领域。

科学研究表明，在城市垃圾中，蕴藏着大量的二次能源物质——有机可燃物，其含有的可燃物的比例和发热值相当高。如通常城市生活垃圾中的灰渣，可燃物占27%；菜类可燃物占23.5%；纸类可燃物占84.4%；塑料可燃物占88%。综合起来，大约2吨垃圾燃烧的热量就相当于1吨煤燃烧时所发

垃圾焚烧发电厂

出的热量。因此，能源专家认为，一座城市的垃圾，就像一座低品位的"露天矿山"，可以无限期地进行开发。而开发使用最经济有效的方法，就是开发城市垃圾发电。

利用城市垃圾能源发电，近年来，迅速在全球蓬勃发展。目前，美、日、法、英、德、荷兰、意大利等工业发达国家都将垃圾发电列入国家"议事日程"，投入大量资金和人力，运用现代高科技手段，大规模地开发城市垃圾发电新技术，并使其趋于商业化。目前，全球有 800 多座形形色色的垃圾电站在运行。德国 1995 年垃圾电厂有 67 座；美国有 170 多座垃圾电厂；日本目前有垃圾电厂 125 座，总发电能力 450 兆瓦，到 2010 年垃圾电厂将达 200 座以上，总发电能力 10 亿瓦（10×10^{23} 瓦）；英国将有 50% 以上垃圾用于发电。因此，城市垃圾发电作为一种新能源，其开发前景广阔。

美国垃圾热电厂的装机容量为 1.27 亿瓦（1.27×10^{23} 瓦），日本为 1.25 亿瓦，法国为 970 兆瓦。美国的垃圾热电厂是近年世界上发展最快的。美国投资 3.2 亿美元于 1990 年 11 月运行的埃萨克斯县垃圾热电厂，日处理垃圾 2 277 吨。日本最大的垃圾热电厂——横滨鹤见发电厂，日处理垃圾 1 200 吨，年处理能力 34 万吨，使用 3 台高效率的复水式汽轮机，最大发电能力达 22 兆瓦。

此外，不少国家还积极开展将垃圾制成固体燃料，或用工业垃圾直接燃烧，进行发电。印度在马德拉斯市兴建一座垃圾浓缩燃料电厂，其日处理垃圾燃料 60 吨，发电能力 5 兆瓦。英国在苏格兰建成每年可焚烧 800 万只废旧轮胎的垃圾热电厂，向 2.5 万户家庭供电。日本在福岛县的岩木建一座以废塑料做燃料的热电厂，日处理废塑料 200 吨，发电能力 25 兆千瓦，向 1 万个家庭供电。

我国垃圾"资源"也十分丰富，全国每年产生垃圾 1 亿多吨，年增长速度达 10%。其中上海市年"生产"垃圾 438 万吨，北京市每天"生产"垃圾 1.3 万吨，广州市日人均"生产"垃圾 1.1 千克。我国垃圾发电工业已经起步，利用城市垃圾发电也已列入各大城市的议事日程。不少大中城市已开展垃圾发电。

当前利用城市垃圾发电，有多种途径。一种是利用城市垃圾填埋制取沼气，进行发电，而更主要的是将垃圾用焚烧炉燃烧的余热进行发电，再就是将垃圾制成固体燃料直接燃烧进行发电。

利用垃圾"沼气田"发电，可以说是当前技术成熟、投资少、造价低、使用管理方便，备受各发达国家青睐的一种城市垃圾处理途径。因此，目前有140多座"垃圾沼气田"发电站在世界各地运行。荷兰1991年就已颁布城市垃圾沼气发电计划，并投资8 000多万美元，建造了几座大型沼气发电厂。荷兰北部威达斯特垃圾沼气田，储有1 500万吨生活垃圾，每小时可产沼气5 000立方米，可转化为4.5兆瓦的电能，到2000年，荷兰全国垃圾沼气利用达2.5亿~3亿立方米，可供荷兰全国30多万个家庭的用电量。法国在梅斯举行了"欧洲发酵垃圾开发大会"，提出加快利用垃圾生产沼气发电的计划。芬兰首座垃圾沼气田发电厂在万塔建成投产，已填埋103万吨垃圾，在今后10年内可生产3 000万立方米的沼气用于发电。英国目前垃圾沼气田发电能力达18兆瓦。英国能源部拟将在10年内再投资1.5亿英镑兴建一批垃圾沼气田发电厂。而美国伊利诺伊州的垃圾沼气田发电厂，占地61公顷，填埋180万吨垃圾，发电能力1 600千瓦，相当于每年用2.8万桶石油的发电量。日本在千叶县建成的4.2万平方米的垃圾沼气田发电厂，年发电量达1.1万千瓦/时。

知识点

垃圾分类

垃圾分类是将垃圾按可回收再使用和不可回收再使用的分类法。从国内外各城市对生活垃圾分类的方法来看，大致都是根据垃圾的成分构成、产生量，结合本地垃圾的资源利用和处理方式来进行分类。如德国一般分为纸、玻璃、金属、塑料等；澳大利亚一般分为可堆肥垃圾、可回收垃圾、不可回收垃圾；日本一般分为可燃垃圾、不可燃垃圾等等。

中国生活垃圾一般可分为四大类：可回收垃圾、厨余垃圾、有害垃圾和其他垃圾。目前常用的垃圾处理方法主要有：综合利用、卫生填埋、焚烧发电、堆肥、资源返还。

 延伸阅读

垃圾分类小误区

误区一：大棒骨是餐厨垃圾

事实上，大棒骨因为"难腐蚀"被列入"其他垃圾"。类似的还有玉米芯、坚果壳、果核，鸡骨等则是餐厨垃圾。

误区二：厕纸卫生纸，不可回收

厕纸、卫生纸遇水即溶，不算可回收的"纸张"，类似的还有陶器、烟盒等。

误区三：餐厨垃圾装袋扔进桶

常用的塑料袋，即使是可以降解的也远比餐厨垃圾更难腐蚀。此外塑料袋本身是可回收垃圾。正确做法应该是将餐厨垃圾倒入垃圾桶，塑料袋另扔进"可回收垃圾"桶。

误区四：花生壳算其他垃圾

固废中心专家说，发给试点小区居民家的宣传资料，"果壳瓜皮"的标识就是花生壳，的确属于厨房垃圾。家里用剩的废弃食用油，目前也归类在"厨房垃圾"。

误区五：尘土算其他垃圾

在杭州的垃圾分类中，尘土属于"其他垃圾"，但残枝落叶属于"厨房垃圾"，包括家里开败的鲜花等。

这就带来一个难题，如果阳台上种了花，松松土，修剪了枝叶，扫一簸箕垃圾还得再分一次吗？如果你是一个坚定的环保主义者，那就别怕麻烦，赞成这么做。

但也允许倒入"其他垃圾"。杭州市固废监管中心主任张束空说，尤其对小区保洁员来说，再次分类无疑增加了劳动强度，所以目前把清扫垃圾全部归到"其他垃圾"这一类。等今后垃圾分类推广后，再考虑具体办法。

生态农药前途广

　　已经进入 21 世纪的人类社会，农业文明已经发展到一个相当高的阶段。在防治病虫害方面，人类已开始探索由使用化学合成农药到无污染的生态型农药的过渡。

　　自 20 世纪 50 年代以来，化学合成农药一直占有主导地位，得到广泛的应用。但天长日久，人们逐渐发现使用化学合成农药害大于利：①污染环境。由于农药的化学使用，容易使土壤板结、肥力减弱，更为严重的是会对人畜的饮用水源造成有毒污染。②破坏自然的生态系统，就是在消灭害虫的同时，往往也将各种以害虫为食的益虫和益鸟杀死了。"错杀无辜"容易致使害虫更加猖獗地繁殖。③害虫能够对长期使用的一种农药产生抗药性，并能把这种抗药性遗传给下一代，这样一代的抗药能力比一代强，杀虫剂的效力就显得越来越低。据资料表明，世界上已有几百种害虫具有高度的抗药性。④直接危害人畜的健康，残留于农作物内的农药逐渐积累，人畜食用后极为有害。为了改变这种情况，科学家们已开始研究制造高效、低毒、低残留的新一代农药——生态型农药。预计在不久的将来，生态型农药将在农业生产中大显身手，为提高农作物的产量和质量发挥巨大的作用。

替代高毒农药

　　科学家们正在研制利用昆虫激素来防治害虫的生态型农药。害虫对特定植物所散发出来的特殊气味具有异常的偏爱，只要一闻到它所喜欢的那种气味，就会纷纷向这种气味聚集，然后进行排卵。人类只要生产出这种诱虫剂，预先设计好灭虫罗网，就能使成群结队的害虫死无葬身之地。

　　另外，如果对正在成长的害虫施放一种"保幼激素"，就能利用害虫的生理特性而致使害虫死亡、灭绝。这些方法的杀虫效果将更为明显，对环境生态也不会造成污染。

　　科学家们还发现，仿造昆虫的特殊声音也能灭虫。任何一种昆虫都有听觉或特殊感受器，这些器官可以发出信号，传递求偶、受到威胁等信息。如果能够播放出模仿害虫的声音，便能达到驱赶和消灭害虫的目的。

　　美国得克萨斯州的一座"苍蝇工厂"的研究证明，经过钴辐射的雄蝇会丧失生殖能力，把这些雄蝇放到自然界去，能使苍蝇自然灭种。

　　科学家们还在研制能使害虫丧失繁殖能力的化学不孕剂，用这种方法也能达到消灭害虫的目的。

　　相信以后，生态型农药的种类会越来越多，使用范围和收效也会越来越大，那时害虫不再猖獗，农作物产量稳定增高，人们幸福地生活在不受害虫困扰的地球上。

 知识点

农 药

　　是指在农业生产中，为保障、促进植物和农作物的成长，所施用的杀虫、杀菌、杀灭有害动物（或杂草）的一类药物统称。特指在农业上用于防治病虫以及调节植物生长、除草等药剂。

　　根据原料来源可分为有机农药、无机农药、植物性农药、微生物农药。此外，还有昆虫激素。根据加工剂型可分为粉剂、可湿性粉剂、可溶性粉剂、乳剂、乳油、浓乳剂、乳膏、糊剂、胶体剂、熏烟剂、熏蒸剂、烟雾剂、油剂、颗粒剂、微粒剂等。大多数是液体或固体，少数是气体。

延伸阅读

农药的使用与人体健康

农药的污染主要是有机磷农药、有机氯农药、有机氮农药的污染。人体从环境中摄入的农药主要是通过饮食。植物性食品含有农药的原因，一是药剂的直接沾污，二是作物从周围环境中吸收了药剂。而动物性食品含有的农药则是通过食物链或直接从水体中摄入的。环境中的农药残留浓度一般是很低的，但通过食物链和生物浓缩可使生物体内的农药浓度提高至几千倍，甚至几万倍。

环境中的农药通过消化道、呼吸道和皮肤等途径进入人体，产生各种危害。

短期内摄入大量农药，尤其是有机磷农药，会引起急性中毒。有机磷农药是一种神经毒剂，会导致神经功能紊乱，出现恶心、呕吐、流涎、呼吸困难、瞳孔缩小、肌肉痉挛、神志不清等症状，还会由于呼吸衰竭而死亡；而长期接触农药可引起慢性中毒，病人产生头晕、头痛、乏力、食欲不振、恶心、气短、胸闷、多汗等状况；接触高毒性农药会出现肝脏肿大、肝功能异常等。

有机氯农药可在人体内脂肪组织中积蓄，从而影响体内一些酶产生不良变化，对神经系统、肝脏和肾脏造成损害。它还能改变体内某些生化过程，对人体分泌系统、生殖系统、免疫系统产生影响。

农药对儿童的健康危害比成人更大，因为儿童对农药毒性的反应比成人敏感。儿童除了与成人同样呼吸被农药污染的大气和饮用被农药污染的水之外，还吃含农药成分的人乳和牛奶，尤其是农村的儿童，常常在田间地头玩耍和吃田间未洗净的瓜果、蔬菜，增加了接触和摄入农药的机会。有机氯农药会破坏儿童的肝脏功能和影响儿童的大脑正常发育，有机磷农药可引起儿童的神经麻痹，并逐渐造成儿童永久性瘫痪，还可损伤儿童的眼睛等等。据国外的资料报道，在大量使用有机磷农药的地区，学龄儿童的眼睛屈光异常、有高度远视等眼病现象的人数增多。

多年来，生态学家和环境保护专家一再呼吁，为了降低农药污染，保护人民的身体健康，应大力发展生物防治，减少化学农药的使用量，保护农业的生态平衡。这一呼吁得到了社会广泛的重视和支持。我们也要学会自己保护自己，对于可能遭受农药污染的瓜果蔬菜要洗净、去皮、煮熟后食用。

对付噪声有妙招

噪声让人听了会感到不舒服，如机器的轰鸣声、飞机的尖叫声、汽车的喇叭声等等。在物理学里，噪声的强弱通常用分贝来表示。噪声共分 7 个等级，从零开始，每增加 20 分贝，就增加一个等级。当噪声在 0～20 分贝时，我们感觉很静；20～40 分贝时，也是安静的，超过 45 分贝的声音就会干扰人的睡眠；80 分贝的噪声会使人感到吵闹、烦躁；超过 90 分贝，就会影响人的健康；100 分贝的噪声会影响人的听力；120 分贝的噪声可以使人暂时"耳聋"；在几米以内听到 140 分贝以上的噪声，会使人变成聋子，甚至可能突然发生脑出血，或者心脏停止跳动。

有人做过调查研究，长期生活在 60 分贝的噪声中，会使人感到心慌和厌倦，降低人的工作效率。长期生活在 85～90 分贝噪声下的人会患噪声病，出现头昏脑涨、失眠多梦、全身乏力、食欲不好、记忆力减退等症状。一个噪声为 94～106 分贝的车间，有 4.5% 的人耳聋，38% 的人耳鸣，30% 的人失眠，36% 的人记忆力减退。所以说噪声也是一种污染。还有人把噪声比作杀人不见血的软刀子，这话绝不过分。由于工业生产的过于集中，交通拥挤，噪声源增多，噪声已经成了一种比较严重的公害。有的国家把噪声列为环境公害之首，想方设法加以消除。

为消除噪声，人们想了许多办法。

一种立即见效的方法是控制噪声源。比如，在城市闹区，禁止各种车辆鸣高音喇叭，利用减振消声的办法使各种噪声源发出的噪声减至最小。但无论对噪声源怎样控制，城市内部仍要产生大量的噪声，这就得采用隔声方法了。现在各种高效能的隔音材料、设备正在研制中。有一种隔声夹层玻璃已被使用。通过这种玻璃，噪声可减少 27 分贝。安装上这样的玻璃，基本上可以避免室外噪声的干扰。在法国巴黎近郊有一条很热闹的街，汽车川流不息，昼夜不停，人们在街上相互交谈都很困难。后来，人们在车行道和人行道之间修建了有 350 米长、4 米高的玻璃墙，收到了较好的隔声效果。

隔音玻璃

以往科学家为减少噪声对环境的污染，通常采用过滤吸收和屏蔽的方法。随着现代高新技术的飞速发展，消除噪声成为环境学家最关注的新课题，而对噪声控制的研究，已发展成为一门新学科——噪声控制学。它作为一门边缘科学，涉及声学、建筑、材料、计算机等多种学科。现在，科学家采用高科技来防噪降噪，并由昔日的"被动"控噪，发展到今日的"主动"控噪。

在"主动"防噪、抗噪高技术的研究中，英国科学家率先取得新进展。噪声实际上是由空气振动产生的，科学家根据与噪声振动方向相反但强弱相同的声音会相互"吃掉"的原理，研制出"以噪制噪"的"主动噪声控制"新技术，其设备由一组声音探测器、信息处理器和声音合成器组成。当声音探测器"听到"噪声时，经信息处理器对噪声进行分析，由计算机控制"克隆"出相应的"反声"，指令声音合成器发出与噪声相应的"反声"的"协奏曲"，从而消除噪声，达到"闹中取静"的效果。目前，英、日、美、法等国在高级豪华的小轿车中已装备这个系统。美国还用此来消除空调器、抽风机、磁偏振成像系统、大功率冰箱等电器的噪声，以在小范围内取得"闹中取静"的效果。

科学家在对噪声"治标"的同时，还积极探索"治本"的途径，从以末端治理为主，逐步转到从噪声的源头开始控制，为此，开始实施"清洁"生产。英国研制的一种"哑巴金属"铜锰合金，能"吃掉"由振动而产生的"噪声"，使潜水艇螺旋桨不会发出响声，声纳对此毫无作用；此外，还推出一种压电陶瓷制动器减少振动，消除噪声，并用于飞机发动机上；日本则用能消除振动、减少噪声的铅钢合金材料制造鼓风机；还将制动器、传感器的技术用到单层薄膜上作为声学墙布，安装在智能建筑物上，通过自身的主动振动来消除外来噪声。奥地利则研制多孔轮胎，用以吸收与其路面接触时产生的空气振动，以减少噪声，并用一种多孔沥青混凝土筑路，消除交通噪声。

美妙悦耳的音乐能令人心旷神怡。为此，日本科学家采用现代高科技，将令人心烦的噪声，变成美妙悦耳的"乐声"。他们研制出一种新型"音响设备"，将家庭生活中的各种流水，如洗手、淘米、洗澡等生活废水的噪声变成悦耳的协奏曲，使家家户户的室内再也听不到嘈杂的流水噪声，取而代之的则是室内充满溪流潺潺声、森林瑟瑟声、虫鸣声和海浪潮流声等大自然的音响。美国也研制出一种吸收大都市噪声为大自然"乐声"的合成器，将街市的嘈杂喧闹噪声变为大自然声响"协奏曲"。英国科学家还研制出一种像电吹风声响的"白噪声"，具有均匀覆盖其他外界噪声的功效，并由此生产出一种名为"宝宝催眠器"的"催曲术"产品，使婴幼儿自然酣睡。

由于噪声被认为是一种能量，如鼓风机的噪声达 140 分贝时，其噪声具有 1 千瓦的声功率。英国科学家据此设计出一种鼓膜式噪声接收器，将它与可以增大声能集聚能力的共鸣器连接，放在噪声污染区，其接收的噪声能量作用于声能交换器，就能将声能转变为电能利用。

而美国则利用高能量的噪声可以迫使烟灰相聚的原理，研制出一种 2 千瓦功率的除尘器，可发出声强 160 分贝、频率 2 000 赫的噪声，将其装在一个很大壁厚的容器里，用于除尘效果十分好，可以减少大气的污染。

噪声还可以用于农业上。由于植物受到定时定量的声音刺激后，气孔会张至最大，能吸收更多的二氧化碳和养分，使植物光合作用加快，可以加快植物的生长和提高产量。科学家通过对西红柿试验，经过 30 次的 100 分贝的噪声刺激后的西红柿，产量可以提高 2 倍，而且果实比以往大 30%，达到增产目的。另外，不同的植物对不同的噪声的敏感程度不相同，科学家研制出一种噪声除草器，其发出的噪声能使草种子提前发芽，这样可以在作物生长之前，用药将草消灭，而达到除草目的。

共鸣现象

"共鸣"，它指的是物体因共振而发声的现象，如两个频率相同的音叉靠近，其中一个振动发声时，另一个也会发声。实际上，共鸣是共振的一种类型。共振是物理学上的一个运用频率非常高的专业术语。共振的定义是两个振动频率相同的物体，当一个发生振动时，引起另一个物体振动的现象。声学的共振现象就被称为"共鸣"。

共振现象是一种宇宙间最普遍和最频繁的自然现象之一，所以在某种程度上甚至可以这么说，是共振产生了宇宙和世间万物，没有共振就没有世界。共振现象在生产生活中也被广泛应用，乐器暂且不论，我们每天看的电视和收听的收音机就是根据共振原理而接收信号的。

延伸阅读

声音影响胎儿生长发育

近年来，噪声对生殖系统的影响特别引人注目。一些学者通过动物实验观察到，大鼠等动物在噪声作用下，性周期紊乱，尤其是发情期延长，使排出的卵细胞过熟或是多精子受精。另外，发现乳牛的乳汁分泌量降低，母鸡的产蛋量下降。究其原因，在噪声刺激下，促性腺激素分泌的节律性紊乱，这样不仅使出生率降低，而且在未受精卵和受精卵中发现有染色体异常而导致畸胎出生或流产等现象发生。

研究者还证实，胎儿在 6 个月时内耳已完全发育，对声音能起反应。有人测试胎儿的心跳，发现音乐可使心跳的频率有变化，胎动也会增加。胎儿熟悉母亲的心音、肠鸣音和血流的冲击声。当外界突然响起刺耳的噪声，胎儿就会剧动。1974 年日本学者在日本大阪机场周围调查中发现，孕妇流产多，出生儿平均体重降低，相当于世界卫生组织规定的早产儿体重，其原因可能是在噪声的不断刺激下，使母体子宫血管收缩，从而引起胎儿发育所必需的营养素和氧气的供应不足；另外，噪声可能刺激内耳，引起脑神经发育障碍，使胎儿生长受到影响。

现在，人们发现，胎儿也能听到成年人所听不到的极低频率音调，低频抑制其活动，高频增加其活动。胎儿乐于接受低沉委婉的音乐，并能做出反应；而不愿接受尖细、高调的音响。为此，医学科学工作者对胎儿进行低调委婉的音乐训练，让父亲用低沉的音调给胎儿唱歌，经常在室内放旋律优美的音乐，婴儿出生后往往很快适应新的环境，生长发育良好。

城市绿地不可少

草坪又被人们称为草皮。它对于人类生存环境有着美化、维护和改善的良好作用，同时，绿草茵茵的草坪也具有较高的观赏价值和实用价值。

我国研究利用草坪有着悠久的历史。早在春秋时期，《诗经》中就有对草地描述的佳句。公元前187 - 前157年张骞出使西域，就带回一定数量的草坪草。那时的草坪只是宫庭园林中的小块草地。而到公元500年左右，人们开始注意各种庭园中的绿色草地——草坪。13世纪，草坪跨出庭园的园

草　坪

墙，进入户外的运动场、娱乐、游玩和栖息地。18世纪，英国、德国、法国等国家先后都建立和普及了草坪。

草坪草都来源于天然牧场，从最初的庭园绿化到目前的运动场、娱乐地等，它广泛地应用于各种场所，渗入到人类的生活，成为现代社会文明不可分割的组成部分。于是草坪草的研究成为一门新兴的学科。

　　人们通过研究表明，草坪能净化空气，消除病菌。1公顷草坪地，每昼夜能释放氧气600千克。它具有很强的杀菌能力，一些有毒空气被草坪吸收后，可以陆续地转化为正常的代谢物。草坪草密集交错，叶片上有很多绒毛和黏性分泌物，就像吸尘器一样，吸附着飘流粉尘和其他金属微粒物。绿色的草坪是一个既经济又理想的"净化器"，它可以把流经草坪的污水净化得清澈见底。

草坪护坡

　　草坪固土护坡，防止水土流失，对保护环境有着极其重要的意义。草坪就像绿色的地毯，其根部在土壤中纵横交错纺织着一幅网状图案，与土壤紧密地结合着，既能疏松土壤，又能防止土壤流失。绿色的草坪以其具备的吸热和蒸腾水分的作用，可以产生降温增温的效力，可以调节小气候。草坪是消除和减弱城市噪声污染的最好武器，又是十分廉价的消音设备。

　　随着城市高层建筑的迭起，绿化面积缩小了，人们休憩、活动的场所少了，生态平衡也受到了一定的影响。在这严峻的现实面前，国内外一些建筑设计大师，提出了空间绿化的设想，并积极而大胆地尝试和实施。

　　早在1959年，美国的一位风景建筑师，在一座六层楼的楼顶上，建造了一个风景绮丽、别具一格的空中花园，为城市空间绿化创造

楼顶花园

了良好的开端。

在人口稠密的日本，近些年设计的楼房，除显著加大了阳台，提供了绿化的方便条件外，还把高层的屋顶做成"开放式"，使整个空间连成一片，居民们可根据不同的爱好种草栽花，从而使大片的屋顶草碧花繁。

德国建成的阶梯式或金字塔形住宅群，利用阳台布置起一个个精美的微型花园，远看如半壁花山，近观似斑斓峡谷，俯视又若一片花海，美不胜收。

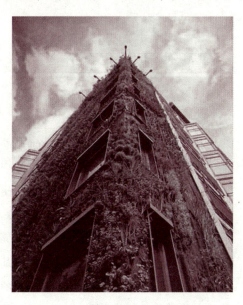
高楼绿化

1977年，加拿大一座18层办公大楼，采用轻型多孔材料并配以土壤，建成了一个包括有假山、瀑布、水池、草坪、花坛、树群在内的盆景式空中花园，使观光者赞不绝口。

我国的一些大城市，近年来也相继作了空间绿化的尝试。如广州东方宾馆，在11层楼的天台上精心建造了具有中国园林特色的屋顶花园，那里桥水相连，花木争妍。

城市向空间绿化，弥补了失去的绿化面积，点缀了市容，同时对保护环境，丰富现代生活，保障人群健康会起到不容忽视的积极作用。实践证明，屋顶绿化的建筑设计不仅投资少，而且结构简单，施工容易，综合效益良好，值得重视和推广。空中花园的底层和防水层与一般平顶构造相同，它不需要一般平顶的隔热层和保温层。

知识点

张骞

张骞（约前164－前114年），字子文，汉族，汉中郡城固（今陕西省城固县）人，中国汉代卓越的探险家、旅行家与外交家，对丝绸之路的开拓有重大的贡献。开拓汉朝通往西域的南北道路，并从西域诸国引进了汗血马、葡萄、苜蓿、石榴、胡桃、胡麻等等。张骞对开辟从中国通往西域的丝绸之路有卓越贡献，至今举世称道。西域诸国当时无史籍记载，张骞所报道，备载于《史记》、《汉书》中，是研究中亚史所根据的原始资料，具有重要的历史价值。

 延伸阅读

绿色植物有益人类健康

科学家研究发现，健康长寿的人或长寿的地区几乎都远离闹市，没有污染。那里的气温、湿度适宜，森林茂密，气候凉爽，环境优雅；原野流水不断，水源清洁，空气新鲜，绿色植物使人身心健康且含有较多的负离子。研究进一步表明，绿色植物与人体健康关系重大。

当你步入苍翠碧绿的林海里，会骤感舒适，疲劳消失。森林中的绿色，不仅给大地带来秀丽多姿的景色，而且它能通过人的各种感官，作用于人的中枢神经系统，调节和改善机体的功能，给人以宁静、舒适、生气勃勃、精神振奋的感觉而增进健康。

据调查，绿色的环境能在一定程度上减少人体肾上腺素的分泌，降低人体交感神经的兴奋性。它不仅能使人平静、舒服，而且还使人体的皮肤温度降低1℃～2℃，脉搏每分钟减少4～8次，能增强听觉和思维活动的灵敏性。科学家们经过实验证明，绿色对光反射率达30%～40%时，对人的视网膜组织的刺激恰到好处，它可以吸收阳光中对人眼有害的紫外线，使眼疲劳迅速消失，精神爽朗。

空气是人类生存的重要环境因素之一。人体与外界环境不断进行着气体交换，吸入氧气，吐出二氧化碳。通常大气中的二氧化碳含量为0.04%，但由于工业的发展，对大气的污染加重，许多城市的空气中二氧化碳含量高达0.05%～0.07%，有的甚至高达0.2%。

据研究，当空气中二氧化碳浓度过高时，人们的呼吸就会感到不适；二

氧化碳浓度达到 4% 时，就会发生头痛、耳鸣、血压升高等病症；当二氧化碳浓度达到 10% 以上时，将会引起死亡。但是，绿色植物可以在阳光下进行光合作用，吸收二氧化碳，释放氧气。研究表明，植物每生长 1 吨，可以产生 5 吨氧，每公顷森林每天可吸收 1 吨二氧化碳，生产 0.735 吨氧气。可以说绿色植物是个巨大的"氧气制造厂"。绿色植物的作用远远不止这些，它们提供给我们的几乎都是有益人类健康的东西。

总之，森林是陆地生态环境的主体，是大自然的调节器。保护森林就是保护人类生存的环境，也就是保护人类自己。让我们为保护大森林出力，让大森林为人类造福！

▊▊ 垃圾处理无害化

城市垃圾是城市居民日常生活的副产品。随着城市化进程的加快和经济的发展，城市居民生活稳步提高，促使城市垃圾抛弃量迅速增长，垃圾质量明显变化。城市垃圾的卫生消纳和综合治理矛盾日益尖锐化，成为影响城市整体功能正常发挥和城市居民生活、劳动环境的突出因素。

生活垃圾的产量，各城市不同，其数量和性质与生活水平、使用燃料、工商业、交通及季节等情况有关。我国人民现在每人每日平均产生垃圾约为 0.8 ~ 1.0 千克；国外如英国为 1.0 千克，法国为 1.8 千克，美国达到 2.2 千克，相差较大。北京每天垃圾有 4 000 ~ 6 000 吨，上海有 4 500 ~

垃圾包围城市

7 000 吨，容重每立方米不到半吨，积集起来相当于每天产生一座小山。这是个严重问题。如以 4 吨卡车来拉运，仅北京和上海两地将有 3 000 多辆次

用于垃圾运输，全国近 353 个城市将消耗多大的能源！可见城市垃圾是个重大问题。

垃圾不仅是数量大，又是有极大危害和含有多种有用物质的废物，这可以从垃圾的成分和性质上看到。垃圾分为有机物（主要是厨房中废弃动植食物），无机物（包括灰渣、砖石、灰土），废物（包括纸、纤维类、塑料、金属、木料、玻璃等）三大类。

这些复杂的废物污染环境，有害卫生。生活垃圾中含有大量有机可腐物质及其他有害物质，容易发酵腐化，产生恶臭，有害卫生，招引鼠鸟，滋生蚊蝇及其他害虫，而风吹、日晒、雨淋令纸尘飞扬、臭气四溢，污染大气，严重影响附近地带的环境卫生。由于大部分垃圾为露天堆放，管理不善，腐化后有渗沥水流出，污染农田，直接影响人们健康。垃圾对市容观瞻也有极大影响。

总之，从垃圾的危害来看，必须采取有效措施，适宜地进行消纳和处理。

据美国环境质量委员会提供的报告，仅 1968 年一年中，美国就向海底倾倒大约 4 800 万吨的各种废物。美国国防部曾把 53 000 吨武器装备沉入海底，这不能不引起人们的深思与不安。

随着工业的飞速发展，各种产品的大量增加，垃圾的数量也将随着增加。垃圾出路何在？环保专家大胆提出，送入海底，同时必须防止污染海洋。地质学家认为，地球板块在洋底的海沟处是俯冲深入到地球内部的。环保专家便设想，把垃圾，尤其是放射性废物，送入海沟，让它们随着板块的俯冲而消融在地球内部，从而完美地解决垃圾的危害。当然，这一愿望的实现，还是要等解开海沟这个谜后才有可能。

那么，目前人们对工业垃圾，尤其是危害极大的核垃圾又做何处理呢？根据对核垃圾残留放射性的估算，要使核垃圾的放射性蜕变达到不致造成危害的程度（即 99.9% 的蜕变为稳定元素），大约需 1 万年之久，这就要选择一个与生物圈隔绝的场所，也就是海底，把核垃圾埋藏起来。

世界经济合作与开发组织专门成立了一个国际海底工作组，负责这一工作。其选定没有地震及火山活动、沉积物丰富而且连续无重要矿产资源的海底平原作为核垃圾的贮存场所。他们用钻探船在厚层沉积物海底先钻一个垂直钻孔，然后把核垃圾经一定处理后装进坚固的金属罐内，再把若干个金属罐依次放入钻孔，各金属罐又用黏土隔开一段距离，最后用黏土沉积物封口；另外，可将金属罐排入海水中，让它自由降落，使之沉入20～30米厚的沉积物中。经这样处理后，即使过去三五百年，金属罐受海水腐蚀而破碎，也可以防止放射性污染扩散得太快太远，仍可起到与生物圈隔绝的作用，因为周围的沉积物对放射性核素有着强烈的吸附作用。据测算，每颗沉积物微粒能吸附1 000个核素原子。

迄今为止，人类向太空发射的各种航天器已超过4 000枚。这些航天器的遗弃物，爆炸解体后留下的碎片，和那些没有利用价值的被丢弃在宇宙空间的卫星，还有各种天体爆炸的残留物等就构成了太空垃圾。太空垃圾与人类发射的正在运转的航天器一旦发生碰撞，轻则伤损，重则毁灭。这种例子屡见不鲜。

俄罗斯卫星"宇宙1275"与太空垃圾相撞后毁灭。

美国发射的一些小绳系卫星被太空碎片切断以致丢失。

1983年，一块仅有0.2毫米厚的涂料碎片，将美国"挑战者"号航天飞机机窗玻璃撞碎。"挑战者"号被迫返回地面重新维修，损失巨大。

1991年11月，一具前苏联火箭残骸险些使美国"阿特兰蒂斯"号航天飞机在太空中机毁人亡。

1996年7月底，一块公文包大小的太空垃圾，将法国"樱桃"号军事卫星的稳定臂拦腰折断，致使该卫星在轨道上倾斜。

据科学家们观测，在环绕地球的太空垃圾带中，比棒球大的物体约有9 500个，稍小一些的碎片有10万块以上，直径不到1厘米的微小物体估计有350万个，它们当中的任何一块都足以对

废弃的卫星

人类发射的航天器造成巨大威胁。因为这些太空垃圾与航天器的运行速度都

非常高，不管体积大小，一旦发生相撞，后果都不堪设想。

从事航天活动比较频繁的国家早已注意到太空垃圾的危害性，并采取了许多措施以减少制造新的太空垃圾，如避免产生新残骸。同时积极研究制造太空垃圾清除器，美国已研制出了"太空自动处理轨道碎片系统"的机器人，主要用于回收较大的太空碎片，美国休斯敦约翰逊太空中心的一位名叫佩特罗的工程师，发明了一种风车式轨道碎片清除器，专门清除太空中较小的碎片；日本太空署计划发射"超级吸尘器"，它能自动测定垃圾碎片的种类、数量和位置，能跟踪"吸尘"。

人类自身不合理的各种活动对地球环境已经造成了严重污染，为此而遭到了应有的惩罚。那么应该从这当中吸取教训，在对太空领域涉足不深之前，就应致力于防治太空垃圾对宇宙的污染，积极保护宇宙环境。

 知识点

航天器

　　航天器又称空间飞行器、太空飞行器。按照天体力学的规律在太空运行，执行探索、开发、利用太空和天体等特定任务的各类飞行器。世界上第一个航天器是苏联1957年10月4日发射的"人造地球卫星1号"，第一个载人航天器是苏联航天员加加林乘坐的东方号飞船，第一个把人送到月球上的航天器是美国"阿波罗11号"飞船，第一个兼有运载火箭、航天器和飞机特征的飞行器是美国"哥伦比亚号"航天飞机。航天器为了完成航天任务，必须与航天运载器、航天器发射场和回收设施、航天测控和数据采集网与用户台站（网）等互相配合，协调工作，共同组成航天系统。航天器是执行航天任务的主体，是航天系统的主要组成部分。

　　至今，航天器基本上都在太阳系内运行。美国1972年3月发射的"先驱者10号"探测器，在1986年10月越过冥王星的平均轨道，成为第一个飞出太阳系的航天器。

延伸阅读

飞马座事件

1994年，"飞马座"无人火箭爆炸，瞬间化为30万件直径超过1/8英寸的碎片。

事发当天，一块滚烫发红的金属块从天而降，砸穿房顶后落在英国东北部赫尔市的一对老年夫妇家中，二老起初以为是飞机上掉下的部件。英国皇家空军经过鉴定后在10月15日宣布，这可能是来自太空中的太空垃圾。而这也是皇家空军开始监测空中降落物体5年来，首次发现太空垃圾残骸坠地。

"天外来客"降落阁楼

据英国多家媒体报道，这块金属块有5英寸（约12厘米）长、3英寸（约7厘米）宽、1.5英寸（约4厘米）厚，重4磅（约1.8千克），为深灰色，今年7月坠落到位于英国苏格兰港市赫尔市西北一个街区的彼得·韦尔顿夫妇家的阁楼里。

76岁的彼得说，这玩意儿掉下来时，他正在卧室，他妻子在起居室，他们都听到了屋顶破碎的声音，上阁楼一看，发现了这个天外来物。由于物体发烫，他不得不戴上微波炉手套才将其拿下楼来。"这太令人震惊了。如果它坠落在街道上砸到人，说不定会要人命。"老人家还表示，他们住的这套房屋是租的，房东当天已经找来工人维修屋顶被砸出的洞。

任重道远的环保之路

RENZHONG DAOYUAN DE HUANBAO ZHILU

　　尽管现在人们已经意识到了环境污染的危害，并采取了一系列的治理措施。但是治理污染是一种无奈的选择，因为污染，才去治理。人们必须寻求一条和谐发展之路，让经济发展、人类社会的进步不再以污染环境为代价。正是在这种背景下，人们提出了可持续发展的概念，以在发展中保护环境的模式代替先污染再治理的恶性循环。为了我们在宇宙中居住的唯一家园，全人类第一次不分彼此，正行进在环保之路上。《人类环境宣言》的发表，清洁能源的开发，环保法规的颁布，无不是以保护环境为目的的。

　　作为社会的一员，我们也应该积极参与到环保的行为中来。每人节约一滴水，汇起来就会成为一条大河；每人节约一度电，汇起来就相当于几座发电站的发电量；每人节约一张纸，汇起来就能保护一片森林……环保，需要我们每一个人。

中国的环境问题

　　和世界上其他国家一样，我国在经济发展中也遇到了环境恶化这个棘手的难题。目前，我国以城市为中心的环境污染不断加剧，并正向农村蔓延。在一些经济发达、人口稠密地区，环境污染尤为突出。森林减少、沙漠扩大、草原退化、水土流失、物种灭绝等生态破坏问题也日趋严重。环境恶化目前已经成为制约我国经济发展、影响社会安定、危害公众健康的一个重要因素，成为威胁中华民族生存与发展的重大问题，而经济的高速发展和人口的持续增长又给我国的资源和环境带来了更大的压力和冲击。

大气污染十分严重。全国城市大气总悬浮微粒浓度年日均值为 320 微克/立方米，污染严重的城市超过 800 微克/立方米，高出世界卫生组织标准近 10 倍。参加全球大气监测的北京、沈阳、西安、上海、广州 5 座城市，都排在全球监测的 50 多座城市里污染最严重的 10 名之中。全国酸雨覆盖面积已占国土面积的 29%，而且酸雨严重区已越过长江，向黄河流域蔓延，青岛也监测到酸雨，全国每年造成的经济损失达 140 亿元。以长沙、赣州、怀化、南昌等地为代表的华中酸雨区，20 世纪 90 年代以来，已成为全国最严重的酸雨区，其中心区域年均 pH 值低于 4.0，酸雨频率高于 90%。

水污染非常突出。全国七大水系近一半的监测河段污染严重，86% 的城市河段水质超标。据对 15 个省市 29 条河流的监测，有 2 800 千米河段鱼类基本绝迹。淮河流域 191 条支流中，80% 的水呈黑绿色，一半以上的河段完全丧失使用价值，沿岸不少工厂被迫停产，一些地区农作物绝收。1994 年 7 月，淮河发生特大污染事故，2 亿吨污水排入干流，形成 70 千米长的污染带，使苏皖两省 150 多万人无水可饮。各地由于水污染导致的停工、停产及纠纷事件频频发生。

淮河水污染严重

噪声和固体废物加剧。全国有 2/3 的城市居民生活在超标的噪声环境中。工业固体废物和生活垃圾已累积 70 多亿吨，每年仍以 6 ~ 7 亿吨的速度增加，垃圾"围城"现象十分普遍，受污染耕地达 1.5 亿亩以上。危险废物大多未得到有效处置，随意堆放形成重大环境隐患。

生态环境日益恶化。一些地区盲目发展污染严重的企业和不合理地开发资源，造成了严重的环境污染和生态破坏，加剧了植被破坏、水土流失和土地沙化，致使一些生态环境脆弱地区，陷入人畜无饮水、草木难生长的境地。

环境污染严重威胁着人民的身体健康。贵州省务川县从事土法炼汞的农民中，有97%的人有汞中毒症状。污染源在江苏徐州的奎河致使中下游人群癌症发病率高达1024/10万，超过全国平均水平10多倍。各地污染纠纷和群众来信来访逐年增加，由此酿成的械斗等流血冲突和人员伤亡时有发生，已开始影响社会稳定。

我国的环境问题引起社会各界乃至国际社会的关注。许多专家学者提出，在环境问题上如果不及时采取切实有效的措施，不仅将在很大程度上抵消经济建设和改革开放取得的成果，而且可能重蹈20世纪50年代人口问题的覆辙，应当引起我们的高度重视。

 知识点

酸雨区

年均降水pH值高于5.65，酸雨率是0%～20%，为非酸雨区；pH值在5.30～5.60之间，酸雨率是10%～40%，为轻酸雨区；pH值在5.00～5.30之间，酸雨率是30%～60%，为中度酸雨区；pH值在4.70～5.00之间，酸雨率是50%～80%，为较重酸雨区；pH值小于4.70，酸雨率是70%～100%，为重酸雨区。

这就是所谓的五级标准。其实，北京、西宁、兰州、乌鲁木齐等市也收集到几场酸雨，但年均pH值和酸雨率都在非酸雨区标准内，故为非酸雨区。

我国三大酸雨区包括：

1. 西南酸雨区：是仅次于华中酸雨区的降水污染严重区域。

2. 华中酸雨区：目前它已成为全国酸雨污染范围最大，中心强度最高的酸雨污染区。

3. 华东沿海酸雨区：它的污染强度低于华中和西南酸雨区。

延伸阅读

海平面上升威胁人类安全

地球变暖致使全球的海平面上升，科学家担心如果任其下去有一天会发生海侵，这不是杞人忧天，更不是耸人听闻。

由于海水上涨，土地下沉，埃及尼罗河三角洲正慢慢消失在地中海里，一些土地和城镇将从版图中消失。预计几十年后，现在的港口城市塞得港等地将成为一片汪洋。

不断上涨的洋面大大降低了孟加拉国自然屏障对风暴潮的抵抗力，风暴潮竟可长驱直入到入海口上游160千米处。1970年发生的20世纪最严重的风暴潮灾难，几乎横扫了孟加拉国乡镇，席卷而来的风暴潮一开始就夺走了30万条人命，淹死了几百万头牲畜，摧毁了孟加拉国大部分渔船。

南亚岛国马尔代夫的2 000多个大小岛屿中的不少岛礁，因为海水不断上涨，已经淹没。首都马累的国际机场也多次被海水所淹。现在大多数岛屿仅高于海平面1米左右，一旦洋面继续上升，它们将统统不复存在。

联合国IPCC（有关气候变化的政府间协调委员会）的科学家和工作人员经常在这些令人不安的消息中忙碌着。他们发出警告，人类正面临着海平面持续上升带来的危险，与海岸紧紧"拥抱"的沿海地区和沿海城市，将成为首当其冲的重灾区，在人类又将回到诺亚方舟的时代到来之前，千万不能"坐以待淹"。

据德新社报道，联合国有关部门的估算，全世界目前有35万千米海岸线，6 400千米城市海岸线，10 700千米位于旅游区的海滩及1 800千米的港口地带，世界1/3的人口和多数大城市都分布在这些海岸线上和大河口地区，其中世界上最大的35个城市中有20个地处沿海，如果海平面真的出现1～2米的上升，世界级的大城市，如纽约、曼谷、悉尼、墨尔本、里约热内卢、圣彼得堡、上海，将面临着被淹没的浩劫。同时，最主要的工业区和最富庶的郊区农业基地也会遭到灾难性的损失，大面积的土地亦将没入海下，还会导致海岸线移动，陆海变迁，对大陆架和海岸地貌，浅海近岸产生难以预料的影响。

《人类环境宣言》和世界环境日

著名的《人类环境宣言》，是 1972 年 6 月在瑞典斯德哥尔摩召开的联合国人类环境会议上通过的。它是保护环境的一个划时代的历史文献，是世界上第一个维护和改善环境的纲领性文件。

《人类环境宣言》的全称是《联合国人类环境会议宣言》，也叫《斯德哥尔摩宣言》。宣言中郑重宣布联合国人类环境会议提出和总结的 7 个共同观点和 26 项共同原则。

7 个共同的观点是：①人是环境的产物，也是环境的塑造者。由于当代科学技术突飞猛进的发展，人类已具有空前规模地改变环境的能力。②保护和改善人类环境，关系到各国人民的福利和经济发展，是人民的迫切愿望，是各国政府的责任。③人类改变环境的能力，如妥善地加以运用，可为人民带来福利；如运用不当，会造成不可估量的损害。地球上已出现许多日益加剧危害环境的现象，在人为环境，特别是生活、工作环境中，已出现了有害人体健康的重大缺陷。④在发展中国家，首先要致力于发展，同时也必须保护和改善环境。在工业发达国家，环境问题是由工业和技术发展产生的。⑤人口的自然增长不断引起环境问题，要采取适当的方针和措施进行解决。⑥当今历史阶段要求人们在计划行动时，更加谨慎地顾到将给环境带来的后果。为了在自然界获得自由，人类必须运用知识同自然取得协调，以便建设更良好的环境。⑦为达到这个环境目标，要求每个公民、团体、机关、企业都负起责任，共同创造未来的世界环境。各国政府对大规模的环境政策和行动负有特别重大的责任。

1972 年的第 27 届联合国大会将斯德哥尔摩人类环境会议的开幕日——6 月 5 日定为世界环境日。

世界环境日是全世界环保工作者思考和解决环境问题的重要节日，也是向世界人民宣传环境保护重要性的宣传日，又是联合国人类环境会议和发布《人类环境宣言》的纪念日。第 27 届联合国大会要求，每年的 6 月 5 日或 6 月 5 日前后，联合国系统和各国政府都要开展各种形式的活动，强调环境保护的重要性。每年的世界环境日都有一个明确的主题。

历年"世界环境日"主题如下：

1974 年：只有一个地球

1975 年：人类居住

1976 年：水——生命的重要源泉

1977 年：关注臭氧层破坏、水土流失、土壤退化和滥伐森林

1978 年：没有破坏的发展

1979 年：为了儿童的未来——没有破坏的发展

1980 年：新的十年，新的挑战——没有破坏的发展

1981 年：保持地下水和人类食物链，防治有毒化学品污染

1982 年：纪念斯德哥尔摩人类环境会议十周年——提高环境意识

1983 年：管理和处置有害废弃物、防治酸雨破坏和提高能源利用率

1984 年：沙漠化

1985 年：青年、人口、环境

1986 年：环境与和平

1987 年：环境与居住

1988 年：保护环境、持续发展、公众参与

1989 年：警惕，全球变暖

1990 年：儿童与环境

1991 年：气候变化——需要全球合作

1992 年：只有一个地球——关心与共享

1993 年：贫穷与环境——摆脱恶性循环

1994 年：一个地球，一个家庭

1995 年：各国人民联合起来，创造更加美好的未来

1996 年：我们的地球，居住地、家园

1997 年：为了地球上的生命

1998 年：为了地球上的生命——拯救我们的海洋

1999 年：拯救地球就是拯救未来！

2000 年：环境千年——行动起来

2001 年：时间万物，生命之网

2002 年：让地球充满生机

2003 年：水——20 亿人生命之所系

2004 年：海洋存亡，匹夫有责

2005 年：营造绿色城市，呵护地球家园！

2006 年：沙漠和沙漠化，莫使荒地变沙漠

2007 年：冰川消融，后果堪忧

2008 年：改变传统观念，推行低碳经济

2009 年：你的星球需要你，联合起来应对气候变化

 知识点

联合国

联合国是一个由主权国家组成的国际组织。于 1945 年 10 月 24 日在美国加州旧金山签订生效的《联合国宪章》标志着联合国正式成立。在第二次世界大战前，存在着一个类似于联合国的组织——国际联盟，通常认为是联合国的前身。联合国对所有接受《联合国宪章》的义务以及履行这些义务的"热爱和平的国家"开放。2011 年由于南苏丹共和国宣布独立并被第 65 届联合国大会一致通过决议，联合国由原来的 192 个成员国，增至 193 个。

 延伸阅读

《京都议定书》

《京都议定书》全称《联合国气候变化框架公约的京都议定书》）是《联合国气候变化框架公约》的补充条款。是 1997 年 12 月在日本京都由联合国气候变化框架公约参加国三次会议制定的。其目标是"将大气中的温室气体含量稳定在一个适当的水平，进而防止剧烈的气候改变对人类造成伤害"。

条约规定，它在"不少于55个参与国签署该条约并且温室气体排放量达到附件中规定国家在1990年总排放量的55%后的第90天"开始生效，这两个条件中，"55个国家"在2002年5月23日当冰岛通过后首先达到，2004年12月18日俄罗斯通过了该条约后达到了"55%"的条件，条约在90天后于2005年2月16日开始强制生效。

《京都议定书》的目标是：发达国家从2005年开始承担减少碳排放量的义务，而发展中国家则从2012年开始承担减排义务。

《京都议定书》需要在占全球温室气体排放量55%以上的至少55个国家批准，才能成为具有法律约束力的国际公约。中国于1998年5月签署并于2002年8月核准了该议定书。欧盟及其成员国于2002年5月31日正式批准了《京都议定书》。2004年11月5日，俄罗斯总统普京在《京都议定书》上签字，使其正式成为俄罗斯的法律文本。截至2005年8月13日，全球已有142个国家和地区签署了该议定书，其中包括30个工业化国家，批准国家的人口数量占全世界总人口的80%。

美国人口仅占全球人口的3%～4%，而排放的二氧化碳却占全球排放量的25%以上，为全球温室气体排放量最大的国家。美国曾于1998年签署了《京都议定书》。但2001年3月，布什政府以"减少温室气体排放将会影响美国经济发展"和"发展中国家也应该承担减排和限排温室气体的义务"为借口，宣布拒绝批准《京都议定书》。2011年12月，加拿大宣布退出《京都议定书》，是继美国之后第二个签署但后又退出的国家。

▮▮ 新的经济方式——"宇宙飞船经济"

人类社会的发展需要利用自然资源，而自然资源又是有限的。为了从根本上解决这一矛盾，必须在未来建立一种新经济方式。英国著名的经济学家K. E. 博尔丁提出两种经济模式，一种是现有的对自然界进行掠夺、破坏式的经济模式，称之为"牧童经济"；另一种是未来应建立的模式，叫作"宇宙飞船经济"。

"牧童经济"是一个生动比喻，使人们想到牧童在放牧时，只管放牧而不顾草原的破坏。这种经济的主要特点就是大量地、迅速地消耗自然资源，把地球看成取之不尽的资源库，进行无限度的索取，同时，造成废物大量累积，使环境污染日益严重；它表现为追求高生产量（消耗自然资源）和高消费量（商品转化为污染物）。

"牧童经济"主要是指现代西方的资本主义经济模式。由于这些特点，许多经济学家确信，这种经济模式不能无限期地维持下去，否则会给人类和环境的长远利益带来灾难，它所造成的人类和环境的矛盾，最终可能导致人类自身的灭亡。

博尔丁认为，"牧童经济"将会被"宇宙飞船经济"所代替。我们知道，科学家在设计宇宙飞船时，非常珍惜飞船的空间和它所携带的装备以及生活必需品，在飞船中，几乎没有废物，即使乘客的排泄物也经过处理、净化，变成乘客必需的氧气、水和盐回收，再给乘客使用。如此循环不已，构成一个宇宙飞船中的良性生态系统。

"宇宙飞船经济"也是根据这一生态系统的思想而提出的。它把地球看成一个巨大的宇宙飞船，除了能量要依靠太阳供给外，人类的一切物质需要靠完善的循环来得到满足。事实上，地球上的生命生生不息的奥秘，就在于地球是一个自给自足的生态系统，它在太阳能的推动下，日复一日，年复一年地进行着物质的周期循环，不需要补给什么东西，也没有多余的废物，其中的一切各有用途。生命就是在这川流不息的物质循环中得以体现。

"宇宙飞船经济"就是把这一生态学观念应用于人类社会的经济模式，要求人类按照生态学原理建造一个自给自足的、不产生废物的、因而也是合理利用自然资源的、不产生污染的经济或生产体系，它将是一种封闭式的经济体系，其内部具有极完善的物质循环和更新的性能。

"宇宙飞船经济"要求人类改变将自己看成自然界的征服者和占有者的态度，而是把人和自然环境视为有机联系的系统，即人—自然系统。

知识点

宇宙飞船

　　宇宙飞船，是一种运送航天员、货物到达太空并安全返回的一次性使用的航天器。它能基本保证航天员在太空短期生活并进行一定的工作。它的运行时间一般是几天到半个月，一般搭乘 2～3 名航天员。至今，人类已先后研究制出 3 种构型的宇宙飞船，即单舱型、双舱型和三舱型。世界上第一艘载人飞船是前苏联的"东方"1 号宇宙飞船，于 1961 年 4 月 12 日发射。虽然宇宙飞船是最简单的一种载人航天器，但它还是比无人航天器（例如卫星等）复杂得多，以至于到目前仍只有美、俄、中三国能独立进行载人航天活动。

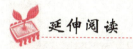

延伸阅读

自然环境影响人类寿命

　　自然环境对人体的健康和寿命的重大影响，已为人们所公认。其中许多事例说明，沿海地区的环境较有利于人体健康。目前世界上平均寿命最长的国家瑞典、冰岛、荷兰、挪威和日本，这些国家都是岛国或半岛国，都为海洋所包围。位于太平洋之中的岛国斐济，几十年来几乎没有发现癌症病例。罗马尼亚的多瑙河三角洲东临黑海，这里居民的平均寿命是该国最高的。居住在沿海地区的居民，由于大量吃用海产品，当地居民很少得癌症，冠心病、糖尿病的发病率也很低。

　　内陆地区也有人们公认世界的四大著名长寿地区，即前苏联的高加索地区、巴基斯坦的洪扎、厄瓜多尔的威尔卡班巴村以及我国的新疆维吾尔自治区。前苏联高加索地区的长寿老人最多，共有百岁老人 5 000 人，我国的新疆自治区拥有百岁老人 85 人。

　　大量研究发现，影响人们寿命的主要因素有遗传因素、社会因素、心理因素、经济状况、生活水平、饮食营养、卫生条件、疾病、自然环境、地球化学因素等。其中，环境因素为主要因素。

据研究，多数内陆长寿地区都在海拔500～1 500米之间，年平均气温为17℃～20℃，年平均降雨量为1 250～1 500毫米，年平均日照时间为1 400～1 800小时。这些因素构成了青山绿水、气候宜人、空气新鲜、特产较为丰富的特定条件。另外，长寿地区还有一个重要特征，就是人群中冠心病、高血压、脑中风、肿瘤、糖尿病等严重威胁人们（尤其是中、老年人）健康的疾病的患病率明显低于一般地区。

调查发现，不同地质结构和地球化学成分的地区，对人的身体健康有不同的影响。尤其是周围环境中微量元素的含量，对人体健康的影响更为明显。研究还发现，人们摄入的钴、硒、锌、铬等元素不足，或摄入镉等元素过多，都会导致高血压、冠心病和脑中风等病的高发。许多研究证明，环境中微量元素含量失调与恶性肿瘤的发生有密切关系。特别值得提出的是研究发现长寿地区的黄豆中含有丰富的微量元素。

环保的有力武器——环境保护法

《秦律·田律》规定："春二月，毋敢伐材木山林及雍堤水。不夏月，毋敢夜为灰，取生荔……毒鱼鳖，置阱罔，到七月而纵之。"意思是说，在春天不准到山林里砍伐林木，不准堵塞水道；不到夏季不准烧草做肥料，不准采集刚发芽的植物，不准毒杀鱼鳖，设置陷阱，到7月份才解除禁令。更早些时候，西周颁布过"毋坏屋、毋填井、毋伐树木、毋动六畜。有不如令者，死无赦"的《伐崇令》。这些显然是中国古代保护森林、水源、幼小动物、水产资源的法律，聪慧的先人已萌生了用法律保护自然环境的念头。

古巴比伦的汉谟拉比法典不但规定了对牧场、林木的保护，还规定禁止鞋匠住在城内，以免污染水源和空气。1306年英国议会通过国王颁布禁令，不准伦敦的工匠和制造商在国会开会期间用"海煤"取暖，否则处以巨额罚款，拆毁炉子，甚至个别处以极刑。这些都是环境立法的可贵萌芽。

时至今日，法律法规已成为保护国家野生动、植物资源的重要武器。盗伐、滥伐林木、捕杀或贩卖珍稀、濒危野生动物都将受到法律的严厉制裁。

在人类社会早期，环境问题主要是农业生产活动对自然环境的破坏，由于生产活动简单，对环境自净能力和生态系统良性循环冲击不大，所以古代只有一些零星的单项的环境保护法规。第二次工业革命带来了社会生产力的空前发展，资源被大量开发、耗费，人类活动对环境的污染和对生态环境的破坏的问题越来越受到人们的重视。

从19世纪中期起，一些资本主义国家陆续制定了防治污染的法规。不过环境法迅速发展是从20世纪50－60年代，由于环境污染，自然资源和生态平衡破坏日益严重，所以迫使各国政府不得不采用法律手段来保护环境。现在，许多工业发达和法制建全的国家，环境法已日趋完善，形成了比较完整的体系，成为国家整个法律体系的一个重要组成部分。

1979年我国通过了第一部环境保护法律——《中华人民共和国环境保护法（试行）》。改革开放以来，我国逐步形成了环境保护法律体系。1973年我国的第一个环境标准——《工业"三废"排放试行标准》诞生。截至1998年底，中国历年来共发布国家环境标准412项，现行的有361项，其中环境质量标准10项、污染物排放标准80项、环境监测方法标准230项、环境标准样品标准29项、环境基础标准12项，历年共发布国家环境保护总局标准（即环境行业标准）34项。

与此同时，到1998年，中国共颁布了环境保护法律6部、与环境相关的资源法律9部、环境保护行政法规34件、环境保护部门规章90多件、环境保护地方性法规和地方政府规章900余件、环境保护军事法规6件，缔结和参加了国际环境公约37项，初步形成了中国特色的环境保护法律体系，成为我国社会主义法律体系中的一个重要组成部分。尤其是，为适应经济发展和环境保护的客观需要，1995年和1996年，全国人民代表大会常务委员会分别通过了关于修订《大气污染防治法》和《水污染防治法》的决定。1997年3月，修订后的《中华人民共和国刑法》增加了有关破坏环境资源保护罪的规定。

我国环境保护法的基本原则是：经济建设与环境保护协调发展；预防为

主、防治结合；污染者付费；政府对环境质量负责；依靠群众保护环境。2002年10月，《中华人民共和国环境影响评价法》颁布，为项目的决策、项目的选址、产品方向、建设计划和规模以及建成后的环境监测和管理提供了科学依据。

汉谟拉比法典

　　汉谟拉比法典，是目前所知的世界上第一部比较完整的成文法典，竭力维护不平等的社会等级制度和奴隶主贵族的利益，比较全面地反映了古巴比伦社会的情况。法典分为序言、正文和结语3部分。正文共有282条，内容包括诉讼程序、保护私产、租佃、债务、高利贷和婚姻家庭等。它刻在一根高2.25米，上周长1.65米，底部周长1.90米的黑色玄武岩柱上，共3 500行，是汉谟拉比为了向神明显示自己的功绩而纂集的。为后人研究古巴比伦社会经济关系和西亚法律史提供了珍贵材料。

 延伸阅读

绿色文明网

　　"绿色文明网"由中国环境保护基金会绿色文明行动基金创办，是以宣传环境意识，提倡绿色文明行动为主题的公益性网站。

　　网友们可在参与中感受环保、认识环保，让志愿者们在参与中最大限度发挥每个人的能量，为环境保护事业做出贡献。这种参与性远远强于各种传统媒体，也将与其他网站有很大的不同。

　　"绿色文明网"包括多个栏目，其中"绿色文明新闻"及时反映环保大事，以消息报道为主，新闻每天更新不少于50条，并有独家专题性报道和言论。其中"绿色社区"是以环境保护为主题的网上社区，网友们可找到所需的各种环保知识，使网友们在此感受环境保护意识，体验环保生活，让每一个访问者都能够身体力行地为环境保护做一点实事。

"绿色文明网"的"污染受害者援助"是"绿色文明网"独具特色的栏目之一，专门为那些受到污染损害的个人提供法律、道义和其他援助。"绿色文明网"将发动广大志愿者为那些污染受害者提供力所能及的法律援助、道义援助、知识援助。

"绿色文明网"的"志愿者之家"是环保志愿者的交流园地。"环保产业之门"则为环保企业提供了一个交流平台，访问者可以查找到全国各地的环保机构、环保企业概况，可以了解到我国的环保产业政策，还可以查寻到全球有关环保的上万个网络联系方式。"绿色文明网""光荣榜"是给实践绿色文明的佼佼者、绿色产品、绿色企业、绿色消费、绿色社区等等受到表彰者的发布平台。

"绿色文明网""曝光台"与"光荣榜"刚好相反，是对污染环境的企业、有害人民健康的产品、破坏环境的行为，被群众揭发并经环保志愿者检查核实，就在此曝光。

生物的避难所——自然保护区

自然保护区面积占国土总面积的多少，是衡量一个国家自然保护事业发展水平和科学文化进步的标尺。

自然保护区是指一个国家为保护自然环境和自然资源，对具有一定代表性的自然环境和生态系统、珍稀动植物栖息地、东寨港红树林自然保护区重要自然历史遗迹及重要水源地带等划出界限，加以保护的自然地域。它包括生态保护区、生物圈保护区、特定自然对象保护区；国家公园、自然公园、森林公园、海洋公园；禁伐区、禁渔区、禁猎区；冰川遗迹、温泉、化石群等。

自然保护包括自然环境和自然资源的保护。它的具体内容：①保护基本上处在原始状态或受人类活动影响较少的生态系统，如我国吉林长白山温带山地生态系统自然保护区；②保护、恢复受人类破坏，但具有一定代表性的自然生态系统，如云南西双版纳自然保护区；③保护具有特殊价值的生态系统，如珍稀动物、文物古迹、化石产地等。

建立自然保护区，在世界上已有 100 多年的历史。1872 年，美国建立了世界上第一个自然保护区——黄石公园。1948 年，国际自然保护联合会成立。从此之后，各种各样的自然保护区在世界范围内不断建立。现在，自然保护区面积占国土总面积 10% 以上的有日本、美国、德国、肯尼亚等。

我国从 1956 年开始在全国范围内划定自然保护区，自 1956 年我国第一个自然保护区——广东鼎湖山自然保护区建立以来，全国自然保护区事业呈现迅速发展的良好势头。截至 2004 年底，全国共建立各种类型、不同级别的自然保护区 2 194 个，其中国家级 226 个、省级 733 个、地市级 396 个、县级 839 个。自然保护区总面积为 14 822.6 万公顷，占陆地国土面积的 14.8%。其中，有 14 个自然保护区列入世界自然遗产，26 个自然保护区加入联合国教科文组织"国际人与生物圈保护区网络"，27 个自然保护区列入"国际重要湿地名录"。

在我国的自然保护区中，面积最大的是新疆阿尔金山自然保护区，面积为 4.5 万平方千米；第一个大熊猫保护区是四川王朗自然保护区；第一个水源保护区是云南松华坝水源水系保护区；唯一的特殊地质地貌保护区是黑龙江五大连池自然保护区，人们称为"火山自然博物馆"。

自然保护区能完整地保存自然环境的本来面目，是动植物及微生物物种的天然贮存库，能使自然资源得到保护、繁殖、引种、发展，并对保持水土、涵养水源、维护生态平衡起着重要作用。自然保护区对促进生产、教育、医疗、科研等事业的发展都有重要意义。我国长白山自然保护区内有成千上万的物种，生长在其中的红松林就好像一座水库，把雨水涵蓄在土壤中，即使连续下暴雨 2 个小时，降雨量达 100 毫米，也不会造成水土流失。又因为保护区内有上百种天然医生——益鸟益虫，所以大片的松树、杉树、杨树、桦树很少受到虫害。

知识点

杉 树

　　杉树属松科，常绿乔木，生长在海拔 2 500～4 000 米的山区寒带上。高可达 30 米，胸径 3 米，树干端直，树形整齐。杉木的品种较多，大致分为 3 类：一类是嫩枝新叶均为黄绿色、有光泽的油杉，又名黄杉、铁杉；另一类是枝叶蓝绿色、无光泽的灰杉，又名糠杉、芒杉、泡杉；还有一类是叶片薄而柔软，枝条下垂的线杉，又名柔叶杉。被称为"万能之木"。

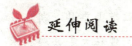

延伸阅读

中国自然保护区的类型

　　按保护对象和目的可分为 6 种类型：

　　1. 以保护完整的综合自然生态系统为目的的自然保护区。例如以保护温带山地生态系统及自然景观为主的长白山自然保护区，以保护亚热带生态系统为主的武夷山自然保护区和保护热带自然生态系统的云南西双版纳自然保护区等。

　　2. 以保护某些珍贵动物资源为主的自然保护区。如四川卧龙和王朗等自然保护区以保护大熊猫为主，黑龙江扎龙和吉林向海等自然保护区以保护丹顶鹤为主；四川铁布自然保护区以保护梅花鹿为主等。

　　3. 以保护珍稀孑遗植物及特有植被类型为目的的自然保护区。如广西花坪自然保护区以保护银杉和亚热带常绿阔叶林为主；黑龙江丰林自然保护区及凉水自然保护区以保护红松林为主；福建万木林自然保护区则主要保护亚热带常绿阔叶林等。

　　4. 以保护自然风景为主的自然保护区和国家公园。如四川九寨沟、缙云山自然保护区、江西庐山自然保护区、台湾省的玉山国家公园等。

5. 以保护特有的地质剖面及特殊地貌类型为主的自然保护区。如以保护近期火山遗迹和自然景观为主的黑龙江五大连池自然保护区；保护珍贵地质剖面的天津蓟县地质剖面自然保护区；保护重要化石产地的山东临朐山旺万卷生物化石保护区等。

6. 以保护沿海自然环境及自然资源为主要目的的自然保护区。主要有台湾省的淡水河口保护区，兰阳、苏花海岸等沿海保护区，海南省的东寨港保护区和清澜港保护区，广西山口国家红树林生态自然保护区（保护海涂上特有的红树林）等。

7. 由于建立了一系列的自然保护区，中国的大熊猫、金丝猴、坡鹿、扬子鳄等一些珍贵野生动物已得到初步保护，有些种群并得以逐步发展。如安徽的扬子鳄保护区繁殖研究中心在研究扬子鳄的野外习性、人工饲养和人工孵化等方面取得了突破，使人工繁殖扬子鳄几年内发展到 1 600 多只。又如曾经一度从故乡流失的珍奇动物麋鹿已重返故土，并在江苏大丰县、湖北石首及北京南苑等地建立了保护区，以便得到驯养和繁殖，现在大丰县麋鹿保护区拥有的麋鹿群体居世界第三位。此外，在西双版纳自然保护区的原始林中，发现了原始的喜树林。有些珍稀树种和植物在不同的自然保护区中已得到繁殖和推广。

和谐共存之路——保护生物多样性

生物多样性是指：①生态系统多样性，如森林、草原、湿地、农田等；②物种多样性，即自然界有上千万种生物，是丰富多彩的；③遗传多样性，即基因多样性，是指在同一种类中，又有不同的个体或品种，我国是最早的国际生物多样性公约缔约国之一。

不猎捕和饲养野生动物——保护有脆弱的生物链

我国已建立 400 多处珍稀植物迁地保护繁育基地、100 多处植物园及近800 个自然保护区。我国于 1988 年发布《国家重点保护野生动物名录》，列入陆生野生动物 300 多种，其中国家一级保护野生动物有大熊猫、金丝猴、长臂猿、丹顶鹤等约 90 种；国家二级保护野生动物有小熊猫、穿山甲、黑熊、天鹅、鹦鹉等 230 种。

制止偷猎和买卖野生动物的行为——行使你神圣的权利

《中华人民共和国野生动物保护法》规定：禁止出售、收购国家重点保护野生动物或者产品。商业部规定，禁止收购和以任何形式买卖国家重点保护动物及其产品（包括死体、毛皮、羽毛、内脏、血、骨、肉、角、卵、精液、胚胎、标本、药用部分等）。我国也是《濒危野生动植物种国际贸易公约》和成员国之一。

做动物的朋友——善待生命，与万物共存

为挽救野生动物和生存，一些人捐钱"认养"自然保护区中的指定动物，并像看望亲属一样去定期看望它们。北京部分大学生假期到云南动员当地人保护原始森林和栖息于那里的珍稀动物滇金丝猴。很多人常去濒危动物保护中心，吊唁已灭绝的野生动物。在美国，一些孩子像对待朋友一样给动物园的动物过生日。一位世界著名歌手在上海举办了一次特殊的音乐会，听众是海里那些濒临灭绝的鲸。

不买珍稀木材用具——别摧毁热带雨林

资料表明，大约 1 万年以前地球有 62 亿公顷的森林，覆盖着近 1/2 的陆地，而现在只剩 28 亿公顷了。全球的热带雨林正以每年 1 700 万公顷的速度减少着，等于每分钟失去一块足球场大小的森林。照此下去，用不了多少年，世界热带森林资源就可能被全部毁坏殆尽。

植树护林——与荒漠化抗争

森林的消失意味着大面积的水土流失、荒漠化的加速。目前全球有 100 多国家，9 亿人口和 25% 的陆地受到荒漠化威胁，每年因荒漠化造成的直接经济损失达 400 多亿美元。我国受荒漠化影响的地区超过国土总面积的 1/3，生活在荒漠地区和受荒漠影响的人口近 4 亿，每年因荒漠化危害造成的经济损失高达 540 亿元以上。

领养树——做绿林卫士

印度加尔各答农业大学德斯教授对一棵树的生态价值进行了计算：一棵50年树龄的树，产生氧气的价值约31 200美元，吸收有毒气体、防止大气污染价值约62 500美元，增加土壤肥力价值约31 200美元，涵养水源价值37 500美元，为鸟类及其他动物提供繁衍场所价值31 250美元，产生蛋白质价值2 500美元。除去花、果实和木材价值，总计创值约196 000美元。

无污染旅游——除了脚印，什么也别留下

国际上已把对环境与自然生态总资源的核算作为衡量一个国家的富裕程度的内容之一，联合国公布的世界各国人均财富的报告中，澳大利亚的经济富裕程度虽然不及美、日等国，却因拥有丰富的自然生态资源而被排名为人均财富第一，我国被列为第163位。

做环保志愿者——拯救地球，匹夫有责

做一个环保志愿者已成为一种国际性朝流。据报道，美国18岁以上的公民中有49%的人做过义务工作，每人平均每周义务工作4.2小时，相当于2 000亿美元的价值。在日本及欧洲各国，做环保志愿者也是公民普遍的常规行动。在我国，做环保志愿者日益成为风尚。各地公民自愿去内蒙古恩格贝沙漠植树，深圳市民自发到长江源头建自然保护站，北京的大学生周末去社区进行垃圾分类宣传，西安有"妈妈环保志愿者活动日"，吉林志愿者多次组织大规模环保公益活动……这些行动影响着更多的人，环保志愿者的队伍正在不断扩大。

知识点

基 因

基因（遗传因子）是遗传的物质基础，是DNA（脱氧核糖核酸）分子上具有遗传信息的特定核苷酸序列的总称，是具有遗传效应的DNA

分子片段。基因通过复制把遗传信息传递给下一代，使后代出现与亲代相似的性状。人类大约有几万个基因，储存着生命孕育生长、凋亡过程的全部信息，通过复制、表达、修复，完成生命繁衍、细胞分裂和蛋白质合成等重要生理过程。基因是生命的密码，记录和传递着遗传信息。生物体的生、长、病、老、死等一切生命现象都与基因有关。它同时也决定着人体健康的内在因素，与人类的健康密切相关。

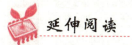 延伸阅读

保护生物多样性措施

措施一：就地保护

为了保护生物多样性，把包含保护对象在内的一定面积的陆地或水体划分出来，进行保护和管理。比如，建立自然保护区实行就地保护。自然保护区是有代表性的自然系统、珍稀濒危野生动植物种的天然分布区，包括自然遗迹、陆地、陆地水体、海域等不同类型的生态系统。自然保护区还具备科学研究、科普宣传、生态旅游的重要功能。

措施二：迁地保护

迁地保护是在生物多样性分布的异地，通过建立动物园、植物园、树木园、野生动物园、种子库、基因库、水族馆等不同形式的保护设施，对那些比较珍贵的物种、具有观赏价值的物种或其基因实施由人工辅助的保护。迁地保护目的只是使即将灭绝的物种找到一个暂时生存的空间，待其元气得到恢复、具备自然生存能力的时候，还是要让被保护者重新回到生态系统中。

措施三：建立基因库

目前，人们已经开始建立基因库，来实现保存物种的愿望。比如，为了保护作物的栽培种及其会灭绝的野生亲缘种，建立全球性的基因库网。现在大多数基因库贮藏着谷类、薯类和豆类等主要农作物的种子。

措施四：构建法律体系

　　人们还必须运用法律手段，完善相关法律制度，来保护生物多样性。比如，加强对外来物种引入的评估和审批，实现统一监督管理。建立基金制度，保证国家专门拨款，争取个人、社会和国际组织的捐款和援助，为实践工作的开展提供强有力的经济支持等。

世界环保纪念日

国际湿地日

　　2月2日为国际湿地日。根据1971年在伊朗拉姆萨尔签订的《关于特别是作为水禽栖息地的国际重要湿地公约》，湿地是指"长久或暂时性沼泽地、泥炭地或水域地带，带有静止或流动、或为淡水、半咸水、咸水体，包括低潮时不超过6米的水域"。湿地对于保护生物多样性，特别是禽类的生息和迁徙有重要的作用。

世界水日

　　1993年1月18日，第四十七届联合国大会做出决议，确定每年的3月22日为"世界水日"。决议提请各国政府根据各自的国情，在这一天开展一些具体的活动，以提高公众的节水意识。从1994年开始，我国政府把"中国水周"的时间改为每年的3月22—28日，使宣传活动更加突出"世界水日"的主题。

世界气象日

　　1960年，世界气象组织把3月23日定为"世界气象日"，以提高公众对气象问题的关注。

地球日

　　1969年美国威斯康星州参议员盖洛德·纳尔逊提议，在美国各大学校园内举办环保问题的讲演会。不久，美国哈佛大学法学院的学生丹尼斯·海斯将纳尔逊的提议扩展为在全美举办大规模的社区环保活动，并选定1970年4月22日为第一个"地球日"。当天，美国有2 000多万人，包括国会议员、各阶层人士，参加了这次规模盛大的环保活动。在全国各地，人们高呼着保护环境的口号，在街头和校园游行、集会、演讲和宣传。随后影响日渐扩大并超出美国国界，得到了世界许多国家的积极响应，最终形成为世界性的环境保护运动。4月22日也日渐成为全球性的"地球日"。每年的这一天，世界各地都要开展形式多样的群众环保活动。

世界无烟日

1987年世界卫生组织把每年的5月31日定为"世界无烟日"，以提醒人们重视香烟对人类健康的危害。

世界防治荒漠化和干旱日

由于日益严重的全球荒漠化问题不断威胁着人类的生存，从1995年起，每年的6月17日被定为"世界防治荒漠化和干旱日"。

世界人口日

1987年7月11日，以一个前南斯拉夫婴儿的诞生为标志，世界人口突破50亿。1990年，联合国把每年的7月11日定为"世界人口日"。

国际保护臭氧层日

1987年9月16日，46个国家在加拿大蒙特利尔签署了《关于消耗臭氧层物质的蒙特利尔议定书》，开始采取保护臭氧层的具体行动。联合国设立这一纪念日旨在唤起人们保护臭氧层的意识，并采取协调一致的行动以保护地球环境和人类的健康。

世界动物日

意大利传教士圣·弗朗西斯曾在100多年前倡导在10月4日"向献爱心给人类的动物们致谢"。为了纪念他，人们把10月4日定为"世界动物日"。

世界粮食日

全世界的粮食正随着人口的飞速增长而变得越来越供不应求。从 1981 年起，每年的 10 月 16 日被定为"世界粮食日"。

国际生物多样性日

《生物多样性公约》于 1993 年 12 月 29 日正式生效。为纪念这一有意义的日子，联合国大会通过决议，从 1995 年起每年的 12 月 29 日为"国际生物多样性日"。2001 年 5 月 17 日，根据第 55 届联合国大会第 201 号决议，国际生物多样性日改为每年 5 月 22 日。

水 禽

水禽包括鸭、鹅、鸿雁、灰雁等以水面为生活环境的禽类动物（其中，迁徙水鸟包括天鹅、雁鸭类和 3 种鹤：丹顶鹤、白枕鹤、蓑羽鹤）。水禽类的尾脂腺特别发达，此类候鸟大都在有水的地方，如湿地、岸边等活动，另外鸭群之水禽类善于在池塘中戏水。水禽类冬季的绒羽十分丰厚。它们主要在水中寻食，部分种类有迁徙的习性。

《中国环境报》

《中国环境报》是一张向国内外公开发行的环境保护专业报纸，也是目前全球唯一一张国家级的环境保护报纸。她创办于 1984 年，每周出版 6 期，每年发行量都保持在 23 万份以上。《中国环境报》以其鲜明的办报宗旨和卓有成效的报道工作，在国内、外具有相当的影响。1986 年，联合国环境规划署授予《中国环境报》银质奖章，以表彰其在中国普及环境意识、促进中国环保事业上所做出的突出贡献；1987 年，《中国环境报》又荣获联合国环境规划署"全球 500 佳"荣誉称号。

《中国环境报》是环境保护部主管，中国环境报社主办，面向环保战线广大职工、社会各阶层读者，宣传环境保护的专业报。创刊 20 多年来，始终坚持以"防治污染，改善生态，促进发展，造福人民"为宗旨。《中国环境报》权威发布党和国家有关环境保护的方针、政策、法律、法规，监督环境违法行为，报道防治环境污染和保护生态的动态和经验，传播国内外环境保护相关知识、技术，反映公众的意见和要求，聚焦环境热点、焦点问题。

作为全球第一张国家级的专门从事环境保护宣传的报纸，《中国环境报》自 1984 年 1 月 3 日创刊以来，真实地记录了中国环境保护事业蓬勃发展的历史足迹，为提高全民环境意识、传播环境保护知识发挥了积极作用，成为一张日益受到社会各界广泛关注的"绿色新闻纸"。

树立环保意识

我们不能否认的是，环境问题在很大程度上是人为造成的。既然有人为的原因，就不可避免地涉及意识问题，缺乏环保意识，是造成环境问题的根本原因所在。

举世闻名的阿尔卑斯山早在 1787 年就被登山者征服，是一个近百年来爬山滑雪都不断的旅游胜地，但在登山沿路和山顶看不见一张丢弃的餐巾纸和一个空酒瓶。美国的国家公园有一句口号：除了脚印，什么也不留。一句话，表现出强烈的环境保护意识。

美国南卡罗来纳州一本宣传小册子上这样写道："没有您的合作，我们的环保工作将一事无成。南卡州的自然资源和生态环境正同您所拥有的财产一样，值得精心照料，当您从事户外体育活动、娱乐活动和野外考察时，请遵守两套规则：一套是环境保护的法律规定，另一套是环境意识的道德准则。在无人监督的情况下，后一套规则的履行，取决于您的自觉行动和自我良知。"接着进一步阐述了这些规则的方方面面：

阿尔卑斯山

"……野生动物生存的栖息地，要靠您的帮助和监护……"在校园的人工湖畔你会看到这样的景象：数十只野鸭在湖面上互相追逐，欢声不断。后勤工人剪草坪遇到鸭蛋时，会小心翼翼地避开，以使小鸭能及早地孵化出来。就这样，鸭子靠吃青草和湖中的鱼虾，年复一年地繁衍后代，从没有人试图将它们变成餐桌上的美餐。

"……当您野营结束、拆下篷时，请不要随地扔东西。因为研究表明，铝制易拉罐可在野外存留 200～500 年不变；塑料衣架可存留 450 年；而玻璃瓶则可存留 400 年以上。请您将这些东西丢到可回收的垃圾箱里"。人们自觉地遵守这些规定，在旅游景点，虽然络绎不绝的游客边走边吃零食，喝饮料，但草坪上却没发现任何丢弃物，甚至没有纸屑。在路口和其他游人驻足的地方排放着几个塑料大桶，游人可按金属、玻璃、纸张分类把丢弃物丢入桶内。既培养了人们的良好习惯，又便于垃圾回收。

"……当您划船、冲浪或游泳时，请务必处理好要处理的废品。因为这与南卡州水资源的质量和未来有关。""当您在南卡州的江河湖海里垂钓时，要记住捕——放的原则。"什么是捕——放原则？原来在南卡州，当人们捕到不够规定重量的鱼时，要自觉地放回水中。如果人们钓鱼不是为了享用，那么即便钓到足够重量的鱼，也应放回水中，以利于水生生物物种的延续。

在西方发达国家，公众的环境意识较强。他们与野生动物为友，以保护水资源为荣，以土壤为宝，以森林为贵，遵纪守法观念强，注重道德的培养，把保护生态环境看成自己的神圣使命。越来越多的人抛弃了消费主义的生活方式，而宁愿过简朴的生活，因此，出现了"绿色消费"潮流。人们宁愿多花钱也喜欢购买与保护环境有关的产品，所以绿色食品、生态时装、绿色汽车和冰箱等受到消费者青睐而走俏市场，甚至出现了生态住宅、生态旅游、生态银行。公众的日常生活与环境质量息息相关，人类要与自然和谐相处的认识正深入到每一个家庭。环境意识的产生是人类的一次伟大的觉醒。

那么到底什么是环境意识？"它是人与自然环境关系所反映的社会思想、理论、情感、意志知觉等观念形态的总和。它反映了人与自然环境和谐发展的一种新的价值观。"它是人类思想的先进观念。另一方面环境意识又不仅仅是单纯的意识问题，同经济的发展和人民生活密切相关。随着经济发展，环境意识有一个由浅层向深层发展的过程。在经济腾飞的初期，人们开始认识到污染的严重后果，但关注的仅是小范围的环境污染，如河流、农田、湖泊和城市里的大气、水质、土壤污染，并且认为污染是不可避免的。这实际上就是"先污染后治理"的观念，是浅层的环境意识。而深层的环境意识则认为要采取可持续发展的途径，把生产与环境保护作为统一的过程看待，在统一的循环中实现经济发展与环境保护的结合。

与西方发达国家相比，我国公众的环境意识水平不高，在一定意义上看，是我国经济水平不高的一种表现。目前，我们已逐步解决了温饱问题，实现了第一个经济翻番的目标，人民群众生活质量大幅度改善，要求维护自身环境权益的愿望也越来越普遍。国家环保局与

铁路沿线垃圾

铁道部曾共同举办了一次"清除铁路沿线白色垃圾"活动，历时 1 个月，清扫铁路线 6 845.6 千米，清除垃圾 124 608 吨，参加职工 956 941 人次，产生了巨大的社会影响。

环境意识不可能自发或自动地产生，要靠教育，采用适当措施，通过潜移默化的形式，使之成为一项卓有成效的工作，使在地球上生活的每一个人都能用自己的行动自觉地保护生态环境不受污染和破坏。环保意识的教育应该深入到生活中的每时每刻。

尽管现实形势是严峻的，但如果我们每个人都能树立起环保意识，并为之付出自己的努力，相信昔日的蓝天、白云终有一天会再回到我们身边。

阿尔卑斯山

　　阿尔卑斯山脉是欧洲最高大的山脉。位于欧洲南部。西起法国尼斯附近地中海岸，经意大利北部、瑞士南部、列支敦士登、德国南部，东至奥地利的维也纳盆地，呈弧形东西延伸，长约1 200千米，宽130～260千米，西窄东宽。平均海拔3 000米左右。总面积约22万平方千米。阿尔卑斯山脉从亚热带地中海海岸法国的尼斯附近向北延伸至日内瓦湖，然后再向东—东北伸展至多瑙河上的维也纳。

日常环保口诀

　　1. 空调冬18℃夏26℃ 全国节电上亿度

　　冬季的空调温度调至18℃或以下。如您感觉有些寒冷可以多加件衣服，如此简单的举措就可以节约电力，从而减少燃煤发电排放出的二氧化碳等温室气体，减缓气候变暖。

　　夏季的空调温度调至26℃或以上。大城市的空调负荷约占盛夏最大供电负荷的40%～50%，将空调的温度从22℃～24℃提高到26℃～28℃，可以降低10%～15%的电力负荷，减少4亿～6亿℃以上的耗电量。

　　人在夏天出些汗是有利于健康的，能增强新陈代谢、调节内分泌功能并促进自身免疫。

　　2. 灯泡换成节能灯 用电能省近八成

　　家中的普通灯泡换为节能灯泡，并且要购买经过"国家节能产品认证"的产品，您可以通过是否印有"节"字标志来判断。在相同光通量条件下，节能灯比白炽灯可节约电能80%，用于购买节能灯的费用，在8～10个月的电费节余中就可以收回。

3. 垃圾分类不乱扔　回收利用好再生

在垃圾中，约50%是生物性有机物，约30%～40%具有可回收再利用价值。2000年，中国产生的六大可回收的废物量分别为：废钢铁4 150～4 300万吨、废有色金属100～120万吨、废橡胶85～92万吨、废塑料230～250万吨、废玻璃1 040万吨、废纸1 000～1 500万吨。目前中国每年可利用而未得到利用的废弃物的价值达250亿元，约有300万吨废钢铁、600万吨废纸未得到回收利用。废塑料的回收率不到3%，橡胶的回收率为31%。仅每年扔掉的60多亿只废干电池就含7万多吨锌、10万吨二氧化锰。

4. 不用电器断电源　节电10%能看见

家庭和办公室内的各种电器，如电视、电脑等，请在不使用时关掉电源。在待机状态下，电视机每小时平均耗电量8.07焦耳，空调3.47焦耳，显示器7.69焦耳，PC主机35.07焦耳，抽油烟机6.06焦耳。关掉电源这一小小的举动既可以帮您节省电费，又能保护环境。

落实环保行动

节水为荣

我国是世界上12个主要贫水国家之一，淡水资源还不到世界人均水量的1/4。全国600多个城市半数以上缺水，其中108个城市严重缺水。地表水资源的稀缺造成对地下水的过量的开采。50年代，北京的水井在地表下约5米处就能打出水来，现北京4万口井平均深达49米，地下水资源已近枯竭。

保护水源就是爱护生命

据环境监测，全国每天约有1亿吨污水直接排入水体。全国七大水系中一半以上河段水质受到污染。35个重点湖泊中，有17个被严重污染，全国1/3的水体不适于灌溉。90%以上的城市水域污染严重，50%以上城镇的水源不符合饮用水标准，40%的水源已不能饮用，南方城市总缺水量的60%～70%是由于水源污染造成的。

地球表面的 70% 是被水覆盖着的，约有 14 亿千立方米的水量，其中有 96.5% 是海水。剩下的虽是淡水，但其中 1/2 以上是冰，江河湖泊等可直接利用的水资源仅占整个水量的 0.003% 左右。

节水海报

慎用清洁剂

大多数洗涤剂都是化学产品，洗涤剂含量大的废水大量排放到江河里，会使水质恶化。长期不当的使用清洁剂，会损伤人的中枢系统，使人的智力发育受阻，思维能力、分析能力降低，严重的还会出现精神障碍。清洁剂残留在衣服上，会刺激皮肤发生过敏性皮炎，长期使用浓度较高的清洁剂，清洁剂中的致癌物就会从皮肤、口腔处进入人体内，损害健康。

别忘了你时刻都在呼吸

全球大气监测网的监测结果表明，北京、沈阳、西安、上海、广州这 5 座城市的大气中总悬浮颗粒物日均浓度分别在每立方米 200～500 微克，超过世界卫生组织标准 3～9 倍，被列入世界十大污染城市之中。

省一度电，少一份污染

我国是以火力发电为主、煤为主要能源的国家。煤在一次性能源结构中占 70% 以上。如按常规方式发展，要达到发达国家的水平，至少需要 100 亿吨煤当量的能源消耗，这将相当于全球能源消耗的总和。煤炭燃烧时会释放出大量的有害气体，严重污染大气，并形成酸雨和造成温室效应。

节用电器

大量的煤、天然气和石油燃料被用在工业、商业、住房和交通上。这些燃料燃烧时产生的过量二氧化碳就像玻璃罩一样，阻断地面热量向外层空间散发，将热气滞留在大气中，形成"温室效应"，"温室效应"使全球气象变异，产生灾难性干旱和洪涝，并使南北极冰山融化，导致海平面上升。科学家们估计，如果气候变暖的趋势继续下去，海拔较低的孟加拉、荷兰、埃及、中国低洼三角洲等地及若干岛屿国家将面临被海水吞没的危险。

降低能源消耗

煤炭等燃料在燃烧时以气体形式排出碳和氮的氧化物，这些氧化物与空气中的水蒸气结合后形成高腐蚀性的硫酸和硝酸，又与雨、雪、雾一起回落到地面，这就是被称作"空中死神"的酸雨。全球已有三大酸雨区：美国和加拿大地区、北欧地区、中国南方地区。酸雨不仅能强烈地腐蚀建筑物，还使土壤酸化，导致树木枯死，农作物减产，湖泊水质变酸，鱼虾死亡。我国因大量使用煤炭燃料，每年由于酸雨污染造成的经济损失达 200 亿元左右。我国酸雨区的降水酸度仍在升高，面积仍在扩大。

人人都用节能灯

"中国绿色照明工程"是我国节能重点之一。全国将推广节能高效照明灯具。这样可节省相应的电厂燃煤，减少二氧化硫、氮氧化物、粉尘、灰渣及二氧化碳的排放。

利用可再生资源

人类目前使用的能源 90% 是石油、天然气和煤。这些燃料的形成过程需要亿万年，是不可再生的资源。太阳能、风能、潮汐能、地热能则是可再生的，被称为可再生能源。人们把那些不污染环境的能源称为"清洁能源"。

以乘坐公共交通车为荣

我国首都北京有近 120 万辆机动车，仅为东京和纽约等城市机动车拥有量的 1/6。但是每辆车排放的污染物浓度却比国外同类机动车高 3～10 倍。北京大气中有 73％ 的碳氢化合物、63％ 的一氧化碳、37％ 的氮氧化物来自于机动车的排放污染。因此，提倡市民外出乘公交车。

保护大气，始于足下

在欧洲，很多人为了减少因驾车带来的空气污染而愿意骑自行车上班，

汽车尾气

这样的人被视为环保卫士而受到尊敬。美国的报纸经常动员人们去超级市场购物时，尽量多买一些必需品，减少去超市的次数，以便节省汽油，同时减少空气污染。颇有影响的美国自行车协会一直呼吁政府在建公路时修自行车道。在德国，很多家庭喜欢和近邻用同一辆轿车外出，以减少汽车尾气的排放。为洁净城市空气，伊朗首都德黑兰规定了"无私车日"。在这一天，伊朗总统也和市民一道乘公共汽车上班。在我国上海，一些公司职员经常合乘一辆出租车，名曰"拼的"。

减少尾气排放

《中华人民共和国大气污染防治法》规定：机动车船向大气排放污染物不得超过规定的排放标准，对超过规定的排放标准的机动车船，应当采取治理措施，污染物排放超过国家规定的排放标准的汽车，不得制造、销

售或者进口。

用无铅汽油

使用含铅汽油的汽车会通过尾气排放出铅。这些铅粒随呼吸进入人体后，会伤害人的神经系统，还会积存在人的骨骼中；如落在土壤或河流中，会被各种动植物吸收而进入人类的食物链。铅在人体中积蓄到一定程度，会使人得贫血、肝炎、肺炎、肺气肿、心绞痛、神经衰弱等多种疾病。

珍惜纸张

纸张需求量的猛增是木材消费增长的原因之一，全国年造纸消耗木材1 000 万立方米，进口木浆130 多万吨，进口纸张400 多万吨，这要砍伐多少树木啊！纸张的大量消费不仅造成森林毁坏，而且因生产纸浆排放污水使江河湖泊受到严重污染（造纸行业所造成的污染占整个水域污染的30% 以上）。

西双版纳热带雨林

使用再生纸

我国的森林覆盖率只有世界平均值的1/4。据统计，我国森林在10 年间锐减了23%，可伐蓄积量减少了50%，云南西双版纳的天然森林，自20 世纪50 年代以来，每年以约1.6 万公顷的速度消失着。当时55% 的原始森林覆盖面积现已减少一半。

减卡救树

礼节繁多的日本人近年来也在改变大量赠送贺年卡的习惯。一些大公司登广告声明不再以邮寄贺年卡表示问候。我国的大学生组织了"减卡救树"的活动，提倡把买贺卡的钱省下来种树，保护大自然。

粮食警戒线

我国有1.3亿多公顷耕地，占世界耕地的7%。人均耕地不及世界人均值的47%，东部600多个县（区）人均耕地低于联合国粮农组织确定的0.05公顷的警戒线。

控制噪声污染

噪声会干扰居民的正常生活，也会对人的听力造成损害。噪声对人的神经系统和心血管系统等有明显影响。长期接触噪声的人，会产生头痛、脑涨、心慌、记忆力衰退和乏力等症状。低频噪声使人胸闷、恶心。噪声还会影响消化系统，可以导致冠心病和动脉硬化。

维护安宁环境

德国规定，在室内使用音响设备时，音量以室内能听清为标准。美国法律规定在学校中设置有关噪声的课程。英国规定，广告宣传、娱乐和商业活动不得使用音响设备，夜间不得在公共场所使用音响设备。日本规定要控制餐饮业夜间作业产生的噪声和使用音响设备进行宣传产生的噪声为限；车辆不得产生影响他人的、不必要的噪声，禁止汽车不必要的空转。

认"环境标志"

已被中国绿色标志认证委员会认证的环保产品有低氟家用制冷器具、无氟摩丝和定型发胶、无铅汽油、无镉汞铅充电电池、无磷织物洗涤剂、低噪声洗衣机、节能荧光灯等。这些环境标志产品上贴有"中国环境标志"的标记。该标志图形的中心结构是青山、绿水、太阳，表示人类赖以生存的环境。外围的10个环表示公众共同参与保护环境。

用无氟制品

臭氧层能吸收紫外线，保护人和动植物免受伤害。氟利昂中的氯原子对臭氧层有极大的破坏作用，它能分解吸收紫外线的臭氧，使臭氧层变薄。强烈的紫外线照射会损害人和动物的免疫功能，诱发皮肤癌和白内障，会破坏地球上的生态系统。1994 年，人们在南极观测到了至今为止最大的臭氧层空洞，它的面积有 2 400 平方千米。据有关资料表明，位于南极臭氧层边缘的智利南部已经出现了农作物受损和牧场的动物失明的情况。北极上空的臭氧层也在变薄。目前，最早使用 CFC（氟利昂是 CFC 物质中的一类）的 24 个发达国家已签署了限制使用 CFC 的《蒙特利尔议定书》，1990 年的修订案将发达国家禁止使用 CFC 的时间定位在 2000 年。1993 年 2 月，中国政府批准了《中国消耗臭氧层物质逐步淘汰方案》，确定在 2010 年完全淘汰消耗臭氧层物质。

环境标志

选无磷洗衣粉

我国生产的洗衣粉大都含磷。我国年产洗衣粉 200 万吨，按平均 15% 的含磷量计算，每年就有 7 万多吨的磷排放到地表水中，给河流湖泊带来很大的影响。据调查，滇池、洱海、玄武湖的总含磷水平都相当高，昆明的生活污水中洗衣粉带入的磷超过磷负荷总量的 50%。大量的含磷污水进入水体后，会引起水中藻类疯长，使水体发生富营养化，水中含氧量下降，水中生物因缺氧而死亡。水体也由此成为死水、臭水。

买环保电池

我们日常使用的电池是靠化学作用，通俗地讲就是靠腐蚀作用产生电能的。而其腐蚀物中含有大量的重金属污染物——镉、汞、锰等。当其被废弃在自然界时，这些有毒物质便慢慢从电池中溢出，进入土壤或水源，再通过农作物进入人的食物链。这些有毒物质在人体内会长期积蓄难以排除，损害神经系统、造血功能、肾脏和骨骼，有的还能够致癌。电池可以说是生产多

少，废弃多少；集中生产，分散污染；短时使用，长期污染。

选绿色包装

北京年产垃圾 430 万吨，日产垃圾 1.2 万吨，人均每天扔出垃圾约 1 千克，相当于每年堆起两座景山。我国目前垃圾的产生量是 1989 年的 4 倍，其中很大一部分是过度过包装造成的。不少商品特别是化妆品、保健品的包装费用已占到成本的 30% ~ 50%。过度包装不仅造成了巨大的浪费，也加重了消费者的经济负担，同时还增加了垃圾量，污染了环境。

目前，全国有绿色食品生产企业 300 多家，按照绿色食品标准开发生产的绿色食品达 700 多种，产品涉及饮料、酒类、果品、乳制品、谷类、养殖类等各个食品门类。其他一些绿色食品，如全麦面包、新鲜的五谷杂粮、豆类、菇类等也是对人体健康很有益处的。

少用一次性制品

那些"用了就扔"的塑料袋不仅造成了资源的巨大浪费，而且使垃圾量剧增。我国每年塑料废弃量为 100 多万吨，北京市如果按平均每人每天消费一个塑料袋计算，每个袋重 4 克，每天就要扔掉 4.4 克聚乙烯膜，仅原料就扔掉近 4 万元。如果把这些塑料铺开的话，每人每年弃置的塑料薄膜面积达 240 平方米，北京 1 000 万人每年弃置的塑料袋面积是市区建筑面积的 2 倍。

自备购物袋

在德国，不少超市里的塑料袋不是免费提供的，这是为了减少塑料袋的使用。很多德国人买东西时，习惯提着布兜子，或直接将货物装到车上，不用塑料袋。一些家庭主妇为了少用塑料袋而挎着硕大的藤篮上街购物。德国的旅馆也不提供一次性的牙刷、牙膏、梳子、拖鞋。饭店里都使用不锈钢刀叉，高温消毒后再重复使用。

自备餐盒

环境保护浪潮使生产一次性产品的行业正在走下坡路，很多国家在开发生产可降解塑料，使其在使用过后能够在自然界中降解；有的国家已淘汰塑料包装，而用特种纸包装代替。很多国家提倡包装物的重复使用和再生处理。丹麦、德国规定，装饮料的玻璃瓶使用后经过消毒处理可多次重复使用，瑞典一家最大的乳制品厂推出一种可以重复使用75次的玻璃奶瓶；一些发达国家把制造木杆铅笔视为"夕阳工业"，开始生产自动铅笔。

少用一次性筷子

一次性筷子是日本人发明的，日本的森林覆盖率高达65%，但他们却不砍伐自己国土上的树木来做一次性筷子，全靠进口。我国的森林覆盖率不到14%，却是出口一次性筷子的大国。我国北方的一次性筷子产业每年向日本和韩国出口的一次性木筷子，要减少森林蓄积200万立方米。

旧物巧利用

全球性和生态危机使人们不得不考虑放弃"牧童经济"，而接受"宇宙飞船经济"观念。前者把自然界当作随意放牧、随意扔弃废物的场所；后者则非常珍惜有限的空间和资源，就像宇宙飞船上的生活一样，周而复给，循环不已地利用各种物质。

回收废塑料

不少废塑料可以还原为再生塑料，而所有的废塑料——废餐盒、食品袋、编织袋、软包装盒等都可以回炼为燃油。1吨废塑料至少能回炼600千克汽油和柴油，难怪有人称回收旧塑料为开发"第二油田"。

回收废纸

回收1吨废纸能生产好纸800千克，可以少砍17棵大树，节省3立方米的垃圾填埋场空间，还可以节约一半以上的造纸能源，减少35%的水污染，每张纸至少可以回收两次。办公用纸、旧信封信纸、笔记本、书籍、报纸、广告宣传纸、货物包装纸、纸箱纸盒、纸餐具等在第一次回收后，可再造纸印制成书籍、稿纸、名片、便条纸等。第二次回收后，还可制成卫生纸。

回收生物垃圾

垃圾混装是把垃圾当成废物，而垃圾分装是把垃圾当成资源；混装的垃圾被送到填埋场，侵占了大量的土地，分装的垃圾被分送到各个回收再造部门，不占用土地；混装垃圾无论是填埋还是焚烧都会污染土地和大气，而分装垃圾则会促进无害化处理；混装垃圾增加环卫和环保部门的劳作，分装垃圾只需我们的举手之劳。

回收各种废弃物

北京的生活垃圾中，每天约有 180 吨废金属可回收。铝制易拉罐再制铝，比用铝土提取铝少消耗 71% 的能量，减少 95% 的空气污染；废玻璃再造玻璃，不仅可节约石英砂、纯碱、长石粉、煤炭，还可节电，减少大约 32% 的能量消耗，减少 20% 的空气污染和 50% 的水污染。回收一个玻璃瓶节省的能量，可使灯泡发亮 4 小时。

拒食野生动物

在恐龙时代，平均每 1 000 年才有一种动物绝种；20 世纪以前，地球上大约每 4 年有一种动物绝种；现在每年约有 4 万种生物绝迹。近 150 年来，鸟类灭绝了 80 种；近 50 年来，兽类灭绝了近 40 种。近 100 年来，物种灭绝的速度超出其自然灭绝率的 1 000 倍，而且这种速度仍有增无减。

　知识点

温室效应

　　温室效应，又称"花房效应"，是大气保温效应的俗称。大气能使太阳短波辐射到达地面，但地表向外放出的长波热辐射线却被大气吸收，这样就使地表与低层大气温度增高，因其作用类似于栽培农作物的温室，故名温室效应。自工业革命以来，人类向大气中排入的二氧化碳等吸热性强的温室气体逐年增加，大气的温室效应也随之增强，已引起全球气候变暖等一系列严重问题，引起了全世界各国的关注。

 **延伸阅读**

碳汇造林

碳汇与碳源是两个相对的概念，《联合国气候变化框架公约》将碳汇定义为从大气中清除二氧化碳的过程、活动或机制，将碳源定义为向大气中释放二氧化碳的过程、活动或机制。

森林碳汇是指森林植物通过光合作用将大气中的二氧化碳吸收并固定在植被与土壤当中，从而减少大气中二氧化碳浓度的过程。林业碳汇是指利用森林的储碳功能，通过植树造林、加强森林经营管理、减少毁林、保护和恢复森林植被等活动，吸收和固定大气中的二氧化碳，并按照相关规则与碳汇交易相结合的过程、活动或机制。

1997 年通过的《京都议定书》承认森林碳汇对减缓气候变暖的贡献，并要求加强森林可持续经营和植被恢复及保护，允许发达国家通过向发展中国家提供资金和技术，开展造林、再造林碳汇项目，将项目产生的碳汇额度用于抵消其国内的减排指标。

据测算，树木每生长一立方米蓄积量，约吸收 1.83 吨二氧化碳，释放 1.62 吨氧气。每营造 15 亩人工林，可以清除三口之家产生的二氧化碳；每营造 11 亩人工林，可吸收一辆奥迪轿车一年的二氧化碳排放。